系统架构设计简明指南

刘刚　编著

电子工业出版社·

Publishing House of Electronics Industry

北京·BEIJING

内 容 简 介

本书由在大型软件企业从事系统架构工作多年的资深架构师编写，主要讲解通用的信息系统架构设计方法，帮助读者在充分理解业务、确认系统需求的基础上，不仅可以完整、清晰、准确地描述信息系统的总体架构设计，还可以对架构设计中的要点进行较好的把握，最终产出高质量的架构设计文档，指导后续的设计与实现。

本书适合从事信息系统架构设计的架构师阅读。

图书在版编目（CIP）数据

系统架构设计简明指南 / 刘刚编著. —北京：电子工业出版社，2024.6

ISBN 978-7-121-47874-1

Ⅰ. ①系⋯ Ⅱ. ①刘⋯ Ⅲ. ①计算机系统－指南 Ⅳ. ①TP303-62

中国国家版本馆 CIP 数据核字（2024）第 101005 号

责任编辑：张　楠　　　　　　　文字编辑：白雪纯
印　　刷：北京市大天乐投资管理有限公司
装　　订：北京市大天乐投资管理有限公司
出版发行：电子工业出版社
　　　　　北京市海淀区万寿路 173 信箱　　　邮编：100036
开　　本：787×1092　　1/16　　印张：13.5　　字数：312 千字
版　　次：2024 年 6 月第 1 版
印　　次：2024 年 11 月第 3 次印刷
定　　价：65.00 元

凡所购买电子工业出版社图书有缺损问题，请向购买书店调换。若书店售缺，请与本社发行部联系，联系及邮购电话：(010) 88254888，88258888。

质量投诉请发邮件至 zlts@phei.com.cn，盗版侵权举报请发邮件至 dbqq@phei.com.cn。

本书咨询联系方式：(010) 88254590。

前　言

2000 年以来，随着计算机技术的飞速发展，信息系统复杂度的日益提高，传统的设计方式已无法满足系统设计的需要，这时系统架构设计被引入软件工程，架构师被认为是软件工程中的技术领袖。2009 年，系统架构设计师考试取代了高级程序员考试，这说明在软件项目中对高级技术人员的要求已经不再仅限于编写程序，而是要能够完成信息系统的总体设计，在技术上进行全面把握。

问题

关于系统架构设计的具体方法，业内并没有形成统一的标准，大部分是由架构师自己发挥的。总的来说，在实际项目中架构工作的开展并不理想，大体上存在以下几方面问题。

1）项目架构设计的问题

- 设计不完整，不能完整地描述整个系统架构设计。
- 设计不规范，一些架构图的绘制比较随意。
- 思路不清晰，描述碎片化，各个部分之间缺乏关联性，总体上缺乏逻辑性。
- 描述不准确，设计完成后仍然存在很多模糊的地方。
- 与软件工程中的其他产物脱节，对上不能承接需求，对下不能指导后续设计和开发。
- 最终实现与设计不对应，架构变更缺乏管理。

2）架构师的问题

- 业务理解不到位。
- 需求确认不足。
- 不清楚系统架构设计的范围。
- 不清楚架构设计与前后工程的关系。

- 很多时候存在"拍脑袋"的决策。
- 容易过早陷入细节。
- 存在代码情结，在设计上投入的精力不足。
- 不清楚什么阶段做什么事情，以及具体做到什么程度。
- 设计以后缺乏跟踪指导。

3）软件组织的问题

- 对架构师岗位职责的定义不明确。
- 缺少架构设计规范。
- 缺少对架构师的培训和指导。
- 在项目中往往"赶鸭子上架"，任命能力不足的人来做架构师的工作。
- 软件工程过程规范缺失，或者有规范但执行不到位，影响架构工作。
- 由于各种原因安排架构师做岗位职责以外的事情。
- 架构师的评价体系不完备，导致架构师对职业发展产生困惑。

为了解决以上问题，需要先推出标准的架构设计方法，架构师基于该方法开展架构设计工作，保证架构设计产物的质量，同时软件组织基于该方法考虑架构师的岗位职责、人事任命、过程规范和职业发展等。

目的

- 总结系统架构设计的通用方法。
- 清楚地阐述系统架构设计对于软件工程的作用。
- 清楚地阐述系统架构设计的范围。
- 清楚地阐述系统架构设计的尺度。
- 清楚地阐述系统架构设计的思路和过程。
- 清楚地阐述系统架构设计产物的要素。
- 清楚地阐述系统架构设计产物对后续工程的指导作用。
- 清楚地阐述架构师的职责范围。
- 清楚地阐述架构师在各个阶段要做的事情。

本书特色

- 明确定位是系统架构，有别于狭义的软件架构。
- 聚焦于系统架构设计的通用方法与实践，对应我国对系统架构设计师职业资格的要求。
- 提供了实用的系统架构设计框架，对各部分内容的设计要点讲解透彻。
- 对于其他书中已经讲解得很好的内容，不重复讨论，而是直接提出参考建议。
- 避免采用晦涩难懂的专业词汇或说法，而是以通俗易懂的语言进行阐述。

- 逻辑严谨。所有内容存在前后推导关系，每个环节都不存在"拍脑袋"的决策。
- 举例精练。每个要点都通过实例进行讲解，让读者花费更少的时间就能领悟其中的精髓。
- 不夹带任何技术领域的内容。本书介绍的是通用设计方法，与具体技术无关。
- 时刻强调边界、范围、粒度，避免思维混乱、职责越界。

致谢

在编写本书的过程中，作者参考了若干架构类相关书籍，在此向这些书籍的作者表示感谢。

感谢电子工业出版社白雪纯老师，她在本书出版中提供了很多支持和帮助。

感谢科大讯飞，由于公司发展良好，因此作者才有机会承担很多大中型项目的架构设计工作，并在其中获得了宝贵的经验，其间作者总结的方法在公司的项目中试行后得以形成架构设计规范。

感谢科大讯飞首席技术官朱大治先生在架构设计方法形成早期给予作者思路上的提示，以及在架构设计标准形成过程中给予的支持。

感谢科大讯飞技术委员会提供机会让我作为公司架构师训练营的出品人，由此作者才得以将架构相关课程成体系地规划为训练营课程，培养了众多合格的架构师。

感谢科大讯飞技术中心的各位领导对作者工作的支持和肯定。感谢科大讯飞各个事业部的各位领导提供的项目机会和中肯评价。感谢在项目中共事过的架构师、技术骨干在工作上的配合。

在几个月的写作过程中，不可避免地减少了陪伴妻女和父母的时间，但妻子将家里安排得井井有条，女儿学习非常自觉，父母将自己的身体健康保持得很好，没有让作者分散很多精力，因此本书得以较快完成。感谢家人的支持和付出。

由于作者水平有限，书中难免存在不足之处，期望各位专家、读者不吝指正。

刘刚
2023 年 10 月 24 日

目 录

第 1 章

系统架构概述

1.1　对各种架构的解释

在软件行业中，"架构"这个词出现的频率很高，大家可以看到带有各种定语的架构，如企业架构、系统架构、软件架构、业务架构、数据架构、部署架构、功能架构、技术架构、开发架构、基础设施架构、逻辑架构、物理架构等。在谈及某种架构时，一定要搞清楚讨论的是哪种架构。下面介绍不同种类架构的含义。

1. 软件架构

软件架构的含义比较模糊，范围可大可小。狭义的软件架构是指单个程序的结构，一般认为软件架构是指系统中纯软件部分的架构；广义的软件架构是指整个系统的架构。在谈及软件架构时，一定要结合上下文来界定它的含义。图 1-1 所示为一般意义上软件架构的考虑内容，从总体上来看考虑的是应用程序的代码结构。如果程序是使用面向对象编程语言实现的，则考虑的是类的属性、类之间的关联、一些方法的调用关系等；如果程序是使用结构化编程语言实现的，则考虑的是文件构成、函数调用关系等。

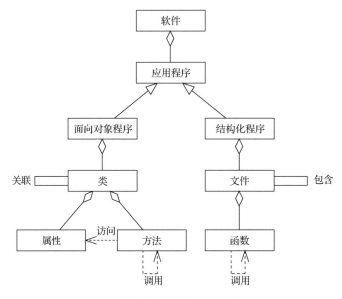

图 1-1　一般意义上软件架构的考虑内容

2．系统架构

　　系统的全称是信息系统。系统架构考虑的内容如图 1-2 所示。系统是一个由人、地点、软件、硬件、网络等元素构成的有机整体，通过不同元素之间的交互，持续运转某些业务。在研究系统架构时，不仅要考虑软件的构成，还要考虑各个元素的构成和相互之间的关系。在元素的构成中，人可以分为多种角色，软件可以分为多个组件，硬件可以有服务器、终端设备、外设等，系统的前后端会涉及多个地点，系统可能会在多个网络上进行通信。在系统架构中，各个元素之间存在一定的关系，其中人和硬件会位于某些地点，人使用软件，软件运行在硬件之上，硬件连接网络，软件要通过网络与其他软件通信。由此可见，系统架构的考虑范围远大于软件架构。系统架构考虑的是整个系统所有方面的问题。本书讨论的正是系统架构，主要描述系统中各个元素的构成及相互关系。

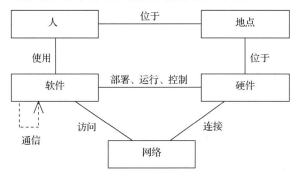

图 1-2　系统架构考虑的内容

3．企业架构

企业架构并不是指单个系统的架构，一家企业要在信息化时代良好运转，需要多个信息系统的支撑。企业架构以业务为导向，分析需要哪些系统来支撑，要用到什么技术，需要哪些数据，最终得出的是宏观的规划，说明需要构建哪些系统，如何支撑其业务运转。企业架构开发总的来说是一项规划性质的工作，通常由熟悉 TOGAF 方法论的咨询公司来承接，中小型软件企业一般不具备开发企业架构的能力。软件企业的架构师通常不需要掌握企业架构方法论，因为这和单个系统的架构不是一回事。

4．业务架构

业务架构是企业治理结构、商业能力与价值流的正式蓝图。业务架构明确定义企业的治理结构、业务能力、业务流程和业务数据。其中，业务能力定义企业做什么，业务流程定义企业怎么做。

5．技术架构

技术架构其实是较为随意的说法，没有权威的定义，一般理解为系统架构中纯技术的部分，是相对于业务架构而言的。广义的技术架构应该包括系统中所有的技术要素，狭义的技术架构有时仅指技术选型。

6．数据架构

数据架构是指对数据进行组织、设计和管理的过程，包括数据模型、数据结构、数据流和数据处理流程等。它是一个系统性的、结构化的、可重用的框架，用于实现数据的有效管理、存储、处理和分析。

7．部署架构

部署指的是将软件制品安装到各种硬件上并运行起来，直至整个系统可提供服务的过程。实际上的部署还有之前的几个环节，即选择机房、将硬件安装到机房或直接向机房申请运行环境、连接网络及配置网络。完整的部署架构应包含以上所有内容，有时说的部署架构较为狭义，仅指软件到硬件的映射关系。

8．功能架构

在初步描述对系统的构想时,往往先绘制功能架构图(多数架构师都会绘制的一种图)。功能架构通常以分层的方式将系统的功能模块进行罗列，是初步理解系统能做什么的一种表现形式。需要注意的是，功能架构图中出现的元素都是功能模块，而非系统组件，组件和功能是对系统进行分解的两种维度。

9. 开发架构

开发架构的含义较为明确，指的是系统软件中需要开发的部分所对应的代码结构，一方面是代码工程结构，另一方面是在各个工程中代码如何分层、类结构如何设计等。

10. 基础设施架构

构成系统的各种软件组件要想运行，需要基础设施来支撑，硬件、网络、虚拟化平台、容器平台都属于基础设施的范畴。基础设施如何支撑其上运行的软件，以及保证软件的可用性、性能、安全性和可伸缩性是基础设施架构要研究的内容。

11. 逻辑架构

逻辑架构指的是在概念上将系统分解成若干组件，这些组件是抽象的，并且以母语命名，意在说明各个组件的职责和关系，不涉及具体技术和实现。

12. 物理架构

将逻辑架构转换成具体实现就是物理架构。有人认为物理架构等同于部署架构，绘制的架构图就是服务器视图，这是错误的。因为逻辑和物理对应的分别是抽象和具体，如果把物理架构当成服务器之类的，就不是从抽象到具体，而是转换了一个视角，这样会比较突兀，不是正常的循序渐进的设计思路。

以上是对各种架构的解释，需要注意的是，国家计算机技术与软件专业技术资格（水平）考试对架构师的正式称呼是系统架构设计师，并且对系统架构设计师的要求如下：**能够根据系统需求规格说明书，结合应用领域和技术发展的实际情况，考虑有关约束条件，设计正确、合理的软件架构，确保系统架构具有良好的特性；能够对项目的系统架构进行描述、分析、设计与评估；能够按照相关标准编写相应的设计文档；能够与系统分析师、项目管理师相互协作、配合工作；具有高级工程师的实际工作能力和业务水平。**

作者认为，无论是对系统架构设计师的工作输入、自身职责还是周边关系的定义，上述要求都是比较合理的，符合大中型项目对系统架构设计师的实际要求。本书面向的正是系统架构设计师，讲述的正是系统架构设计的通用方法和描述框架，对应上述要求中带下画线的部分。这里所说的系统是指单个具有一定规模和复杂度（包括业务复杂度和技术复杂度）的信息系统，其形式可以是标准化产品、解决方案项目、自运营系统。

1.2　系统设计总览

在介绍架构设计之前，下面先介绍软件系统的设计包括哪些内容。整个系统的设计应该始于需求分析，有一部分可以在需求分析的后期并行展开。按照时间先后顺序，所有的设计包括架构设计、概要设计、详细设计、界面设计、数据库设计和程序设计。

- **架构设计**：大中型系统的业务复杂度、技术复杂度都比较高，这时系统的设计应该始于架构设计。先考虑系统的总体结构，再进行各种技术决策。后面的设计需要以架构设计为基础展开。
- **概要设计**：基于功能视角考虑系统的功能模块划分、接口定义。
- **详细设计**：考虑单个功能模块的逻辑。模块分为有界面和无界面两种。有界面的模块为前端模块，需要说明其界面布局和事件响应逻辑；无界面的模块有批处理型和服务型，需要说明其输入/输出和处理过程的逻辑。
- **界面设计**：考虑系统的用户界面，包括界面的静态布局、事件响应逻辑、界面间跳转等。如果需求分析采用原型法，则界面设计会提前到需求分析阶段；否则界面设计应当在详细设计阶段实施。
- **数据库设计**：考虑数据模型设计。
- **程序设计**：考虑代码的工程结构、数据结构、类设计和处理流程等。

有些术语的含义比较模糊，或者在发展过程中意义发生了变化。概要设计的说法出现得比较早，是单体应用时代的说法。在单体应用时代，因为软件的结构简单，往往是单个程序或结构简单的 C/S 系统或 B/S 系统，一般采用单一的技术，如 ASP，所以对系统的分解主要着眼于功能模块，功能模块要相互协作就必须定义接口。在系统复杂化之后，需要先做架构设计，概要设计的意义被弱化，有时架构设计就包含了传统意义上概要设计要做的工作。

详细设计在某些情况下可以省略，如模块过于简单，项目过程是敏捷过程，以及软件组织缺乏过程规范等，这时程序员可能基于需求或界面原型开发。

程序设计现在也被弱化了。在面向对象编程时代，需要做的是类设计、处理流程的顺序图。随着各种框架的成熟，代码工程被标准化，项目中可以发挥的空间越来越小。可以认为代码工程是框架部分和若干功能模块的结合。其中，有技术含量的是框架部分，可能会有很多值得使用设计模式的地方，但随着软件组织的技术积累，框架部分会逐渐固定下来，在项目中直接复用，没有发挥空间；功能模块部分需要按照框架制定的规则来实现，可能每个模块就是框架要求的几个类。因此，对于一般的功能模块来说，程序设计已经没什么可做的，可能只有一些复杂的模块需要进行特别的程序设计。

1.3　系统架构设计的范围

架构设计以系统需求为输入，以架构设计文档为输出，描述的是系统总体结构、技术要素及非功能特性的实现策略。

首先要确定的是系统在软件上的总体结构。这种结构是以组件视角来考虑的，将系统划分为若干组件，并定义组件的职责和相互关系，整个系统由这些组件相互协作来实现各种需求。需要注意的是，架构设计的视角不是功能视角，如果以功能视角来分解系统，得到的就是功能架构，而功能架构是产品人员可以完成的，通常与技术关系不大。软件组件的运行不仅需要硬件支撑，还需要描述部署架构来反映软件与硬件结合的关系。

然后确定系统中的技术要素，包括技术选型、技术机制和技术决策。这些技术要素是围绕总体结构展开的，每个组件自身、组件间关系及硬件都涉及技术选型、技术机制和技术决策。系统技术要素的构成如表 1-1 所示。

表 1-1　系统技术要素的构成

方　面	软　件		硬　件
	组　件	组件间关系	
技术选型	对于复用组件，需要考虑在同类组件中选择哪一种。 对于开发组件，需要考虑采用何种编程语言、框架和程序库	• 通信协议。 • 传输格式	• 物理机、虚拟机和容器。 • CPU。 • 内存。 • 磁盘。 • 网卡。 • GPU
技术机制	组件内关键功能的实现机制	• 推、拉。 • 同步、异步。 • 直接、间接	• 多通道内存访问。 • NUMA、CPU 亲和性。 • RAID。 • BOND、TEAM
技术决策	对多种方案进行比较	对多种方案进行比较	对多种方案进行比较

最后确定非功能特性的实现策略。针对每种非功能性需求需要考虑实现策略，首先要考虑的是非功能性需求是可用性、性能和安全性，其次是可扩展性、可伸缩性和兼容性，其他方面根据项目情况进行补充。

以上是架构设计应该包括的内容，同时要注意架构设计不应包括的内容，避免超越工程范围，导致职责不清，影响架构设计的进度。架构设计不应包括数据库设计、界面设计、一般性功能设计，这些属于详细设计范畴。架构设计也不应包括程序设计（类设计、代码分层设计等），这些是程序员的职责，并且在工程阶段上靠后，不应提前考虑。

1.4　系统架构师的职责

系统架构师的职责不仅仅是架构设计，在软件工程各个阶段都有不同的职责。系统架构师的职责如表 1-2 所示。

表 1-2　系统架构师的职责

阶　段	职　责
可行性分析	提供技术支持，识别技术风险，对技术可行性进行分析
业务分析	理解业务，辅助业务分析人员完成业务建模
需求分析	对需求进行确认，识别技术风险，辅助需求分析人员完成非功能性需求的定义
架构设计	完成架构设计，邀请相关人员进行评审
概要设计	指导开发组长完成功能模块划分、接口定义
详细设计	指导详细设计并检验其是否偏离架构设计
开发	指导开发，评审关键模块代码
测试	关注关键模块测试方案和结果，关注性能测试方案和结果
初次部署	关注部署方案，检查部署结果是否符合部署架构设计的需求
持续运营	关注系统运行状况，必要时进行性能优化，指导扩容、缩容，诊断线上问题

架构师需要有较强的自驱能力，能够把握自己的工作框架，把精力花在重要的事情上，避免被他人左右。架构师需要基于以上职责制订自己的项目工作计划，当发现外部因素的干扰导致既定计划受到影响时，需要通过及时沟通来排除这些干扰，确保架构工作能够正常开展，从而确保项目的质量。

1.5　衡量系统架构设计质量的标准

在架构设计文档完成以后，可以从以下几方面来判断其质量。

- **完整性**：设计的内容要全面，有些 PPT 架构师以为绘制几个架构图就完事了，其实是远远不够的，根本达不到能够指导后续工程的要求。
- **规范性**：架构设计需要用文字、表格、图等多种形式来表达，软件建模的标准语言是 UML，使用 UML 就可以满足架构设计的需要。在绘制架构图时，要尽量采用知名的建模工具，保证规范性和专业性，尽量不采用那些只注重美观的绘图工具。
- **合理性**：组件划分、技术选型、技术决策和非功能性设计都需要一些逻辑与判断，这些由架构师根据自身的经验和能力决定，是否合理可以由同行或高阶架构师来判断。

1.6　架构相关术语释义

在系统架构设计中，经常会遇到一些术语，有的术语可能过于常见而没有人进行定义，但不同的人可能会有不同的理解。为了保证本书在叙述时术语的含义明确，下面对一些基本术语进行解释。

下面先介绍两个过时的术语，即体系结构和构件。

- **体系结构**："结构"一词是较早的中文翻译，对应的英文单词是 architecture。
- **构件**："构件"一词是较早的中文翻译，对应的英文单词是 component。

这两个词属于早期的翻译，现在基本上已经被架构和组件代替，所以后面不会再出现这两个词。

对系统进行分解时经常会用到层和子系统。

- **层**：是一个概念，可以对软件组件、功能和代码等进行归类并划分层级，以体现上下依赖关系。对组件分层时，可能有接入层、服务层和数据层等；对代码分层时，可能有 UI 层、业务逻辑层和数据访问层等；对功能分层时，可能有应用层、服务层和基础设施层等。不管以哪种方式分层，层本身往往只是一个虚拟的概念，不体现为实际的任何东西。在系统运行期，能看到的只有各个组件对应的进程，但看不到所谓服务层具体的容器。在代码中，能看到的是包和类，看不到所谓层的东西，实际上可能是将某个包与层进行了关联。在功能上，只能看到一项项功能，但看不到这些功能的容器。
- **子系统**：由多个组件构成的有机整体，用于在整个系统中完成某项职责。例如，用户管理子系统可能是由用户服务、用户管理后台和用户数据库 3 个组件构成的，这 3 个组件共同支撑起整个系统中用户相关的功能。子系统其实也是一个概念，具体能看到的还是一个个组件。

下面介绍组件、功能和模块。

- **组件**：系统的组成部件。组件的粒度可大可小，在研究系统总体架构时，组件的粒度一般是运行期为进程级别的部件，或者由多个相关进程构成的子系统。
- **功能**：系统能够完成的某种操作。功能不是静态可见的东西，而是通过具体操作才能体验到的一种能力。例如，商品查询功能，用户要输入商品关键词，单击"查询"按钮后可以看到查询结果，由此可以确认系统是否具备商品查询功能。
- **模块**：是指代码中某项功能相关的实现，通常涉及多个类或代码文件。模块一般只能在代码中可见，编译打包后就会不可见。

系统架构设计在很大程度上是在做分解，组件、功能和模块是对系统进行分解的几个主要方面。图 1-3 展示了系统分解结构。

图 1-3 中总共涉及 3 个组件、2 项功能和 4 个模块。其中，组件有 HTML 形式的 Web 前端、后端的 API 网关和用户服务，Web 前端组件中包含用户查询页面和用户新增页面 2 个 UI 模块，用户服务组件中包含用户查询接口和用户新增接口 2 个模块，API 网关负责所有请求的转发，不区分业务。用户通过 Web 前端组件可以使用用户查询和用户新增功能。每项功能是由其前端模块与后端的用户服务中的接口模块相互协作来完成的。由此，读者可

以清楚地理解组件、功能和模块之间的关系。需要注意的是，组件和模块是有实体的；组件在运行期是进程，模块在开发期是若干代码文件；功能只是一个概念，看不见摸不着，只能通过操作来体验。所以，实际能够分解的还是组件和模块，当按照模块分解时，功能可以作为模块的分类。

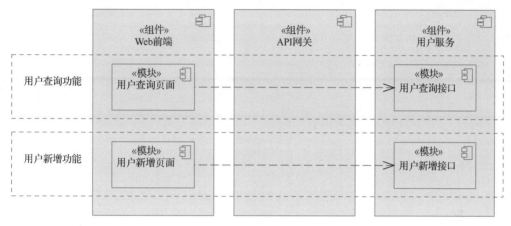

图1-3　系统分解结构

在考虑架构时，是按照组件对系统进行分解的，因为组件决定技术，不同的组件可以用不同的技术来实现，一个组件内的技术相对单一；在进行概要设计时，是按照功能、模块对系统进行分解的，此时与技术无关。在考虑组件之间的关系时，关注的是通信协议和格式；在考虑模块之间的关系时，关注的是接口名称、参数列表和返回值。

1.7　架构图的种类

读者是否思考过架构图到底有多少种？所谓架构图，其实就是一种静态的结构图。结构图的基本元素是方框和线，其中方框代表某种东西，线代表关系。如果有不同种类的架构图，那么其核心区别是方框中的内容是什么，方框中的内容不同，线的含义也就不同。按照这个思路，架构图主要包括以下几种。

（1）**功能架构图**：如果方框中是功能，则对应功能架构图。功能架构图往往是按照分层的方式绘制的，不带线。功能架构图为非 UML 图，往往有向客户介绍的需求，需要美化，一般由产品人员维护。图 1-4 所示为功能架构图示例，该架构图体现了产品在功能上的层次关系。

（2）**软件架构图**：如果方框中是软件组件，则线代表通信关系，对应软件架构图。架构师可以用 UML 组件图来创建和维护。软件架构图有两种布局方式，第一种以机器对软件组件进行容纳，这时强调软件组件与特定机器的绑定关系。基于服务器布局的软件架构图示例如图 1-5 所示，其中 K8S 将机器的角色明确分为两种，两种角色运行不同的组件。

第二种基于地点布局。基于地点布局的软件架构图示例如图 1-6 所示，这是基于地点进行大的布局划分，而构成大中型系统的软件组件往往与地点有强关联性。在基于服务器布局的情况下，架构图与部署图类似，可以起到二合一的作用。

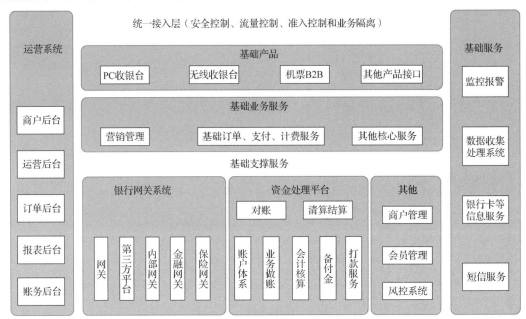

图 1-4　功能架构图示例

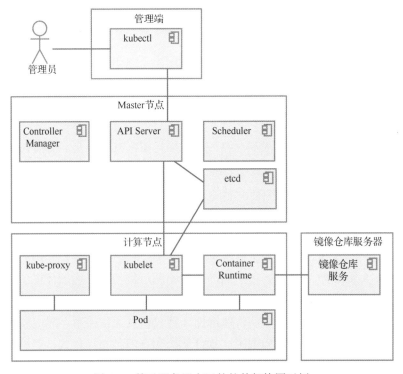

图 1-5　基于服务器布局的软件架构图示例

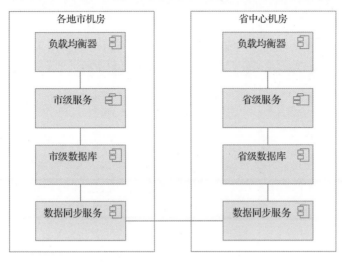

图 1-6 基于地点布局的软件架构图示例

（3）**网络架构图**：如果方框中是硬件设备，则线代表网络连接，整体是网络架构图。如果只表现本系统相关的内容，则可以由架构师负责绘制。如果需要体现系统在整个机房中的连接关系，则需要由网络规划师负责绘制。网络架构图为非 UML 图。图 1-7 所示为网络架构图示例。

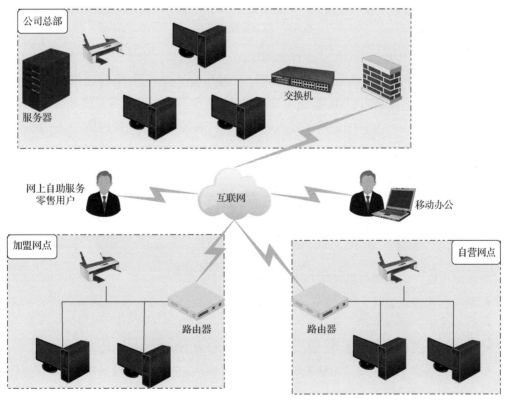

图 1-7 网络架构图示例

（4）**部署架构图**：部署架构图体现了软件组件到硬件设备的映射关系，其中大方框代表服务器，小方框代表软件组件，线代表通信关系（有时可以省略）。部署架构图有对应的 UML 图，通常由架构师维护。图 1-8 所示为部署架构图示例。

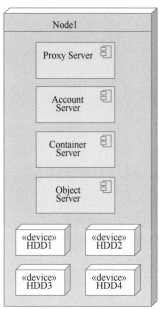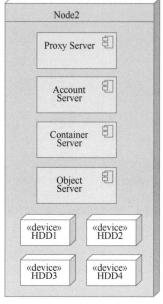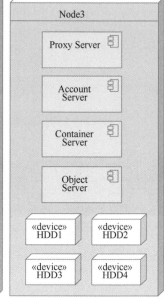

图 1-8　部署架构图示例

进入软件组件的内部，如果该组件是用面向对象编程语言来实现的，则研究该对象的结构应该考虑类的构成，这时就是 UML 类图，已经不叫架构图了。各种架构图的基本元素是方框和线，因此用朴素的 UML 绘图工具就能绘制，但有时为了商务交流等需求，需要对其进行美化，将其中的方框用更直观的图形来替换，典型的是网络架构图，其中的设备一般用对应该设备的图形来表示。

1.8　系统架构设计的原则

系统架构设计的原则包括以下几点。

- 面向需求进行设计。
- 自上而下，循序渐进。
- 随时注意工程阶段的边界、人员分工的边界和考虑问题粒度的边界。
- 任何时候都不能存在"拍脑袋"的决策，需要从之前的工作成果中推导，有合理的分析和决策过程。
- 在满足需求、满足业务一定期间发展的情况下，力求精简架构、节约成本。

第 2 章

▶▶架构设计准备

在进行系统架构设计之前，必须有一些输入，这些输入来自上游工程中的业务分析和需求分析。输出这些产物的一般是产品人员和业务人员。需要注意的是，产品人员和业务人员有些并非研发人员出身，他们在软件技术上的专业能力可能存在不足，因此这些产物往往不够规范，架构师需要对其进行确认和补充。本章主要介绍作为架构设计准备动作的理解业务和确认系统需求这两个阶段。

2.1　理解业务

理解业务阶段在软件工程中叫作业务分析。关于整个业务分析的过程，有些书已经讲得比较透彻，下面仅讲解要点，并列举一些原创的、前后贯通的例子。

在没有任何标准和规范之前，对业务进行描述只能通过文字。有了 UML 之后，可以用 UML 中的一些形式把对业务的理解描述出来，形成业务模型，以便读者更容易理解。在项目中，最先理解业务的往往是产品人员或业务人员，但他们往往没有掌握 UML 和建模工具，所以要拿出规范的产物一般需要架构师的支撑。

对业务的理解不能只停留在脑子里，需要由书面的形式表达出来。可以通过一静一动两种角度来描述业务，"静"指的是领域模型，"动"指的是业务流程。

2.1.1 领域模型

市面上有专门介绍领域驱动的书籍，但没有专门介绍领域模型的书籍。这是因为领域模型的内容总体不多，难以独立成书，所以通常以章或节的形式存在。在实际工作中，领域模型最大的问题是，大家不清楚它应该在什么时候分析，分析到什么程度，其作用又是什么。

架构师的工作始于对业务的理解。要想理解业务，首先要整理领域模型。领域模型的定义有些晦涩难懂，本书给出的定义如下：将业务中的概念梳理出来绘制成一张类图就是领域模型。业务中的概念包括人、物、事和规则。绘制领域模型的思路如下：首先识别业务中的事（这是业务的核心），然后围绕这些事补充相关的人、物和规则。领域模型是类图，属于 UML 中的结构图，以静态的方式表达业务中的核心内容，是理解业务的基础，也是系统要解决的最基本的问题。

待开发系统与领域模型有什么关系呢？需要注意的是，业务的运转不完全是信息系统在发挥作用，其中可能有一部分仍然由人工操作，新系统引入后可能只能解决领域模型中的部分问题。

领域模型的表现形式是 UML 类图，根据内容的充实程度可以分为多个层次，即只有类、类中有关键属性、类中包含所有属性、类中不仅有属性还有方法。

根据内容的丰富程度可以将领域模型的作用分为以下几个层级。

- 能够帮助团队成员对业务的基本概念形成一致的理解。
- 指导功能设计，围绕领域模型中的类和关系线可以推导出大部分系统功能。
- 指导数据库设计，基于领域模型可以形成数据模型设计。
- 指导开发，在领域模型中，如果属性和方法完备，并且分析得较为严谨，就可以将这个类设计转换成代码中的领域层，并用于开发。领域层向上支撑业务逻辑层，可以让业务逻辑层不必直接访问数据访问层。

领域模型做到什么程度为好呢？在最开始的业务理解阶段，可以不必投入过多精力来分析细节，建议只分析到类级别，最多加上关键属性即可。

图 2-1 所示为在业务理解阶段分析出来的领域模型示例，下面介绍绘制该图的思路和过程，以及最后要达到何种程度为好。

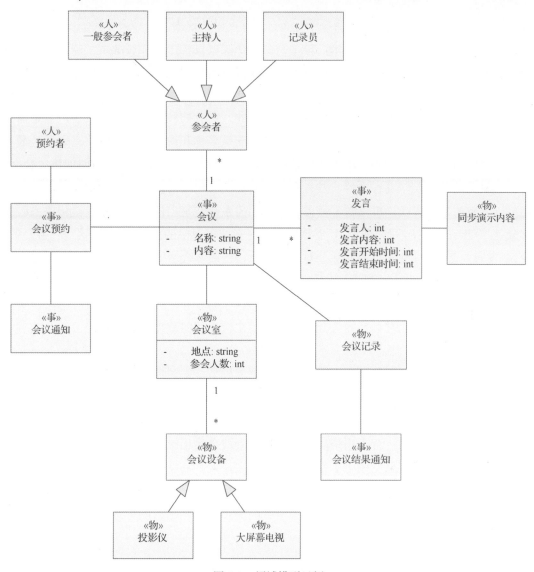

图 2-1　领域模型示例

　　领域模型的表现形式是 UML 类图（关于类图的绘制方法请参考相关书籍，本书不再探讨，只探讨要绘制什么类、梳理什么样的关系）。下面以一个常见的会议问题为例展开介绍，避免读者花费额外的精力理解特定业务相关的东西。领域模型中的元素基本上可以归纳为人、物和事。可以从事出发，首先识别业务中核心的事。这里的事比较明显，就是举行会议，所以可以先在正中间绘制会议类。办成一件事需要有人和物的参与，所以将所有参加会议的人定义为参会者，这些参会者可以细分为主持人、记录员和一般参会者。最重要的物是会议室，没有会议室就无法开会，而会议室中还需要一些设备，关键设备是投影仪或大屏幕电视。为了举行一场会议，需要提前预约会议室，预约会议室的行为可以作为事，相关的人是预约者。预约成功后需要向所有参会者发送通知邮件，这件事也比较重要，所以需要体现。然后考虑会议中需要干什么，会议可以抽象为各个参会者轮流发言的过程，所以发言可以作为一件事提取出来，每个参会者在发言过程中可能会演示一些内容，这些内容与发言存在关联关系。整个会议过程中可能会有人记录，在会议结束后形成一份会议记录，基于会议记录向所有参会者发送会议结果。所以，会议记录作为重要的物被提取出来，会议结果通知作为重要的事被提取出来。至此，所有的核心类已经出来了，但是需要补充一些重要的属性，如对于会议来说，最基本的是名称和内容；对于会议室来说，最基本的是地点和参会人数；对于会议中的每轮发言来说，最重要的是谁在什么时间讲了什么，对应的属性是发言人、发言内容、发言开始时间和发言结束时间。其他次要属性，以及肯定可以分析清楚的属性，可以暂不考虑。重要的关系是数量上的对应关系及泛化关系。大部分是一对一的关系（可以省略），着重体现一对多或多对多的关系。可以对会议-参会者、会议-发言、会议室-会议设备标注一对多的关系，一般参会者、主持人、记录员与参会者是泛化关系，投影仪和大屏幕电视与会议设备是泛化关系。通过以上步骤就可以得到图2-1。为了说明各个类代表人、物或事，可以用板型《人》、《物》和《事》对各个类进行标注，实际分析时可以不标注。此时就是业务分析初期阶段比较理想的程度，已经确定了整个业务中核心的内容和关系。

下面介绍领域模型和待开发系统的关系。领域模型能够说明的是业务本身，业务是否能够开展通常和有没有系统并无关系。在没有会议管理系统时，会议一样在开展，只不过其中一些事发生了就发生了，不会被记录，或者由人工记录；一些事是人工办理的；一些记录信息的物是纸质的。有了系统以后，一些事会被自动记录；一些事是系统处理的，更加高效；一些纸质的信息变成电子数据。总而言之，人、物、事还是那些，只不过形式发生了变化，效率得以提升。系统将在背后支撑领域模型中一部分关系的运转。设想一下，如果开发一个系统能支撑会议领域模型中所有的类和关系，那么能否是一个很好的会议管理系统呢？

分析领域模型一般存在以下问题。

- 没有搞清楚领域模型的作用。基于现实情况，要实现真正的领域驱动设计，直至开发是不太可操作的，因为没有那么多善于进行面向对象分析与设计的人员。领域模型的主要作用还是支撑对业务的理解，更进一步是作为数据模型设计的依据。
- 将领域模型当成数据模型来绘制，比较典型的现象是对类的命名使用了"数据"、"信息"和"记录"等，这明显是将领域模型当成数据模型来思考的。
- 过于关注细节，缺乏宏观思考。很多人绘制的领域模型中，属性是密密麻麻的一大堆，而宏观上的类却很少。
- 关系梳理不当。类之间的关系不正确，未体现数量上的对应关系，本应是属性的却搞成了类。

2.1.2　业务对象

领域模型是一种静态内容和关系的表示，要想搞清楚业务是如何运转的，还要有动态的业务流程的描述。按照面向对象的思想，可以认为业务流程是由多个业务对象通过相互协作来完成的。因此，分析业务流程的基础是识别业务对象。具有行为能力的业务对象有人和系统，其中人有两种——组织外的是业务执行者，组织内的是业务工人，参与的系统是业务实体。

需要说明的是，业务的主体是一个组织，组织拥有多项业务，每项业务可能由多个系统来支撑。拥有业务的组织通常是软件企业的客户。

识别出所有的业务对象，按照所属组织及对象分类，可以整理出一张业务对象图，如图 2-2 所示。这并非某种标准的 UML 图，仅仅是利用了一些 UML 元素。业务对象图的关键在于将各种业务对象区分清楚，以及归属的组织识别正确。有时一项业务是由多个组织的多个系统和人员协作完成的，如外卖订餐。

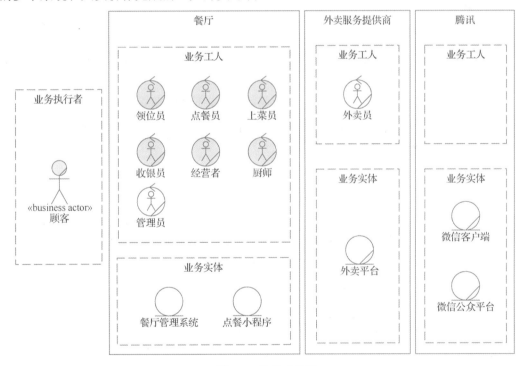

图 2-2　业务对象图

2.1.3　业务用例

有了业务对象作为抓手，就可以进一步分析业务用例了。所谓业务用例，是指一个组织向外部人员提供的某种业务服务。梳理业务用例可以采用业务用例图。业务用例图是一种标准的业务模型图，表现形式为 UML 用例图，其中的元素与常规用例有所区别，如人和用例都带有斜线。图 2-3 所示为一家餐厅的业务用例示例。

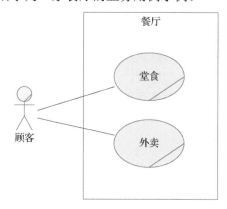

图 2-3　一家餐厅的业务用例示例

分析业务用例，要在宏观上进行高度的概括和总结。例如，一家餐厅就是解决人们的吃饭问题的，所以其业务用例就是面向顾客提供堂食和外卖。有的人分析业务用例会分析出很多，但业务用例不是操作层面的，而是高度抽象和概括的一个组织要办的大事，这种大事往往是支撑该组织的核心收入的，在数量上一般不多。

2.1.4　业务流程

识别出业务用例的下一项任务就是分析业务流程。理解业务最终就是要搞清楚各个业务用例的流程是什么样的。表述业务流程可以用 UML 顺序图，描述一个业务用例是如何通过多个业务对象来协作完成的。

需要注意的是，业务流程分为现状和将来。在刚开始分析的时候要描述现状。等系统构建完毕，则将整个系统新的业务对象插入现有流程中，使业务能够运转得更好。业务流程现状示例如图 2-4 所示。可以看出，当前这家餐厅没有任何信息系统，全部由人工操作。

业务流程设计示例如图 2-5 所示。相对于图 2-4 来说，其中引入了新系统，所以很多操作是通过新系统来完成的，这对于大餐厅来说是必要的，可以大大提高效率、降低人力资源消耗。

通过分析业务流程，架构师可以认识待建系统在客户的整个业务流程中的作用，对于系统价值的把握十分关键。经常说架构师要理解业务，但对业务的理解不能只停留在脑海中，如果不能以书面形式整理出来，获得相关方面的认可，就不能说完成了业务理解。

至此，本节通过领域模型梳理清楚了业务中的人、物、事，又通过业务流程梳理清楚了业务开展过程，并设想了引入待建系统后新的方式，讲清楚了系统的价值，这时就达到了可以立项的条件。架构师对业务的理解达到以上程度就可以了。架构师不需要关注业务细节，那些是业务人员要搞清楚的问题。

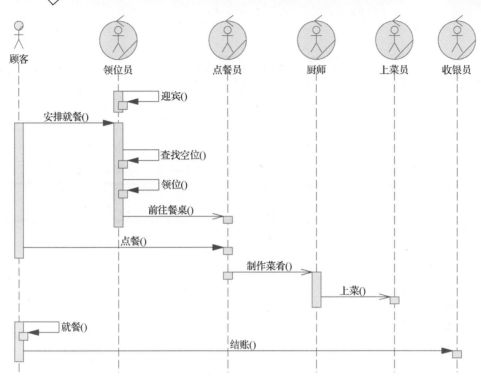

图 2-4　业务流程现状示例

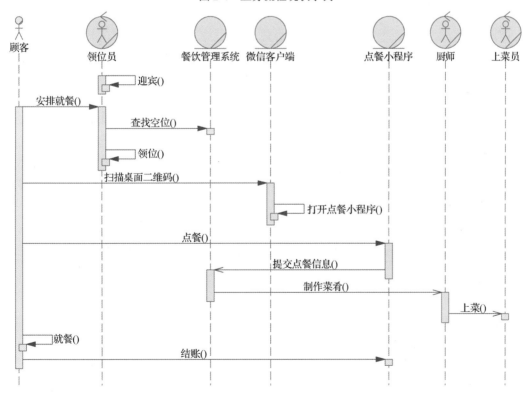

图 2-5　业务流程设计示例

2.2 确认系统需求

通过业务分析，读者可以理解业务中的概念，搞清楚业务流程的现状，设想引入系统后的新流程，之后可以着手考虑待建系统的需求。整个需求主要还是由业务人员、产品人员进行分析，架构师在其中给予技术上的支撑：一方面是了解所有的功能性需求，对存在技术风险的地方进行技术实现路径初步设想、主导技术预研，以及进行技术可行性判断；另一方面是对可用性、性能和安全性等非功能性需求进行把握。

2.2.1 系统上下文

研究需求首先要分析系统上下文，简单来说就是梳理系统的周边关系，找出能够与系统发生直接作用的人和外部系统。分析系统上下文，一般需要绘制一张系统上下文图。系统上下文图示例如图 2-6 所示，该示例体现了待建餐饮管理系统的总体周边关系，包括所有的系统用户和要对接的外部系统。

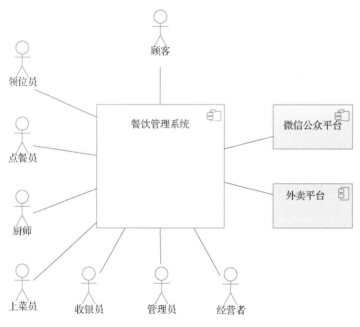

图 2-6　系统上下文图示例

绘制系统上下文图需要注意以下几点。

- 待建系统在正中间，内部不要有任何东西。在进行需求分析时，系统内部结构尚未开始考虑，因此总体上只能是一个黑盒。

- 所有系统用户要绘制完整，不要遗漏。
- 所有直接相关的外部系统要绘制完整，不管是系统要访问的，还是要访问系统的。
- 各种用户和外部系统大多来自业务对象，所以需要注意命名的延续性。
- 在绘制完成以后，对于其中不太容易理解的用户、外部系统，需要进行必要的说明。

分析系统上下文，并不是"拍脑袋"决定的，而是可以在一定程度上根据前面的业务分析产物推导出来的。在所有业务流程中，找出对系统有操作的人和外部系统，就可以放到系统上下文图中。以系统上下文图为基础就可以开始分析系统需求。

基于系统上下文图可以先初步分析各个元素相关的地点，作为架构设计的前提。系统参与者地点分析示例如表 2-1 所示。在系统上下文图中，除了待建系统，各种用户和外部系统的地点都是已知的或确定的，待建系统后台的地点也将参考这些元素的地点来确定。

表 2-1　系统参与者地点分析示例

元　素	说　明	地　点
顾客		店内
领位员	在门口迎接顾客，带顾客入座	店内
点餐员	协助顾客点餐	店内
厨师		店内（后堂）
上菜员		店内
收银员	在前台负责结账	店内（前台）
管理员	餐饮集团自有 IT 部门员工	餐饮集团总部办公室
经营者	餐饮集团经营管理者	餐饮集团总部办公室
餐饮管理系统	本次待建系统	待定
微信公众平台	需要对接的点餐入口系统	腾讯云
外卖平台	需要对接的外卖业务系统	外卖平台自有机房

2.2.2　功能性需求

分析功能性需求主要由产品人员、业务人员负责，架构师在这一阶段起技术上的支撑作用，以及对产品人员和业务人员的产物进行确认。功能性需求分析的结果主要是系统用例的集合，介绍的是各种用户要用系统做成什么事。

一个常见的误区是把功能和用例搞混。需求分析讲的是用户使用系统完成什么事情，在后面的设计中才考虑为了完成这件事系统需要什么功能，用例和功能是前后推导关系。很多没有经过需求工程培训的人往往跳过用例，直接分析功能，这样是不对的。用例和功能并不一定是一一对应的关系。针对一个用例的功能设计可能是多种多样的。例如，一家火锅店的点餐系统其中一个用例是"顾客选择锅底"，在功能设计上，可能有多种选择。一是将锅底与一般菜肴一视同仁；二是有一项单独的选择锅底的功能，在选择时可以可视化地看到关联的图片，是辣还是不辣一目了然，以体现火锅店的特色。在第一种情况下，并不需要独立选择锅底的功能，而是沿用了点菜的功能。如果一上来就考虑功能，就会陷入设计的细节之中，花费大量精力考虑怎样才能让顾客的体验更好，从而影响需求分析阶段的进度。开发人员有时抱怨需求多变，其实往往并非需求发生了变化，而是设计发生了变化。真正的需求往往不会变，就是"顾客选择锅底"，不管功能怎么设计，只要能解决让顾客选择锅底的问题，就算满足了需求。开发人员往往也没有分清什么是需求、什么是设计，自己是基于需求在开发还是基于设计在开发。

分析系统用例的步骤如下：一是整理出所有用例的清单，可以通过用例图或表格来呈现；二是对用例进行细化，设想用户如何与系统交互，最终办成这件事，产物是用例规约（通常采用表格形式）。下面介绍用例图、用例规约的分析要点。

1. 用例图

用例图是 UML 中的行为图，用于表达谁要用系统做什么事。用例图是 UML 中比较基础的内容，关于 UML 的资料已经很多，此处不再详细介绍。下面仅通过一个简单的例子来讲解绘制用例图的要点。系统用例图示例如图 2-7 所示。

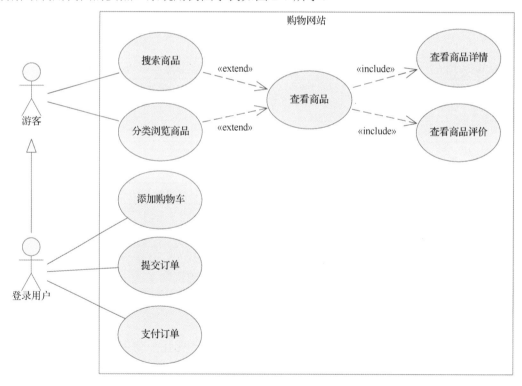

图 2-7　系统用例图示例

在系统上下文图的基础上，将用户与系统边框的连线延伸到系统内部，在线的末端将要办的事绘制成一个椭圆并命名，这就是一个系统用例。外部系统也可能要通过系统做事，所以将所有用户、外部系统要通过系统办成的事绘制完整就完成了系统用例图。另外，可能还要补充一些系统要自主办的事，如定时执行一些统计分析任务。

在用例图中，信息量十分有限，读者只能通过用例的名称来理解用户要办的事，因此用例命名十分重要（命名规范是使用动词短语，且长短要适中）。比较理想的是从用户出发，读到用例后能形成清晰完整的句子，如"游客分类浏览商品"和"登录用户添加购物车"。在绘制完用例图之后，可以尝试将所有连线上的文字进行朗读，确定是否比较自然，表达的意思是否清晰，以此作为判断用例命名是否合适的标准。

系统用例都是操作层面的事情，因此数量比较多，一个小型系统可能就有数十个，中型系统可能有数百个，大型系统可能有数千个。如果都绘制成用例图，那么一张大图可能放不下；如果绘制成多张用例图，那么难以查看和维护。其实还可以采用另一种方式，就是表格。用例图的信息量其实很小，就是各种用户使用系统做什么事情。将用例图想表达的信息通过表格整理出来，虽然不如用例图直观，但意思是一样的，并且可以不受用例数量的限制，填写表格的效率也会更高，因为不用花时间调整布局。系统用例清单表示例如表 2-2 所示。系统用例清单表基本上表达了与用例图同样的意思。在系统用例清单表中，可以用缩进来表达用例图中的包含关系，可以在备注中说明扩展关系。

表 2-2　系统用例清单表示例

角　色	用　例	备　注
游客、登录用户	搜索商品	
	分类浏览商品	
	查看商品	搜索或分类浏览时可以进一步查看商品
	查看商品详情	查看商品时默认查看商品信息
	查看商品评价	
登录用户	添加购物车	
	提交订单	
	支付订单	

2．用例规约

用例图只相当于用例清单，所以信息量十分有限。详细的需求需要将一个个用例展开来说，讲清楚用户如何与系统交互，直至办成用户要办的事，这时就需要定义用例规约。用例规约要描述的是交互的过程，不涉及具体界面，因为具体界面是设计，还没有开始做。系统用例规约示例如表 2-3 所示。关于用例规约，一些需求分析方面的书籍已经讲得比较清楚，此处不再详细介绍。这一部分主要由业务人员和产品人员负责，架构师更多的是理解和确认，从中识别有无技术风险，并评估技术可行性。

表 2-3　系统用例规约示例

项　目	描　述
用例名称	登记入座信息

续表

项 目	描 述
用例描述	顾客在某餐桌就座后，领位员在系统中输入相应信息
主要参与者	领位员
次要参与者	
主要事件流	• 领位员选择入座的餐桌。 • 领位员输入就餐人数。 • 领位员设置餐桌状态为"等待点餐"，提交信息
可选事件流	如果需要宝宝椅，则由领位员在系统中设置需要的宝宝椅的数量
前置条件	顾客已经在某餐桌就座
后置条件	• 由系统通知点餐员前来辅助顾客点餐。 • 如果有宝宝椅需求，则由系统通知领位员送来宝宝椅

2.2.3 非功能性需求

决定系统架构的主要因素往往是非功能性需求，而不是功能性需求。同样的功能集，如果系统压力小、维护频率低，架构就可以很简单，甚至整个后台可以设计成单体应用；如果系统压力大、维护频率高，可能是微服务架构，整个后端就会由很多组件构成。因此，架构师需要认真确认非功能性需求。非功能性需求虽然也是需求的一部分，但业务人员和产品人员往往不擅长对此进行分析，这时就需要架构师来协助。下面就主要的非功能性需求的分析方法进行讨论。

1. 可用性需求

系统最基本的要求就是可访问、能使用，这就是可用性。可用性指标通常是一个百分比数值，规定在所有可能存在对系统访问的期间内，系统能够使用的百分比。在已上线的系统中，通常是按年来考核的。要定义这个数值，需要考虑的因素有国家标准、行业标准、客户要求，以及根据业务情况所确定的系统存在访问的时间段等。描述可用性，首先要确定时间段。这是因为不同业务的访问时间分布是不同的，有的系统随时都会有访问量（如在线购物网站），有的系统只在工作时间内有访问量（如考勤系统），有的系统只在全年的几天内存在访问量（如考试报名系统），所以需要先确定访问时间段。然后确定参考的国家标准、行业标准、客户要求和实际能力等，定义在目标时间段内系统可用的百分比。这个数值通常是 99.9%、99.99% 和 99.999%。百分比越高，要实现的代价就越大，因为更高的可用性往往是由更高的冗余度提供的，而更高的冗余度对应更多的软硬件资源投入。定义可用性的百分比不能只说一个结果，而要将确定这个数值的理由阐述清楚。

说明可用性需求，只需要说明时间段范围和系统可用的时间百分比就足够了。有的人会画蛇添足地描写一些措施，这是因为他们没有分清楚什么是需求、什么是设计。在描述需求时，只能提要求，不能考虑实现方式。

2．性能需求

这一块要求架构师具备性能建模的能力。性能问题通常是架构师要解决的一大课题，通常会占用架构师很多的精力。要解决性能问题，首先必须搞清楚性能需求是什么，然后才能进行设计、实现和验证。所谓性能需求，就是系统对业务处理速度的要求。一方面是单笔业务的处理速度，体现为响应时间；另一方面是总体上的处理能力，体现为吞吐率或并发量。业务处理速度间接的衡量因素是能支持多少个用户同时在线，因为这些在线用户的操作会以一定的频率和比例产生各种业务的访问量。一个隐含的约束是后台的资源占用不能过高，否则会引起系统稳定性问题。定义性能需求，就是把以下几个指标定义清楚。

1）响应时间

响应时间一般是根据用户的可接受程度来定义的。由于不同的业务处理速度有快有慢，因此只定义一个统一的指标，势必有些业务会不达标。所以，除了统一的指标，还可以针对个别确实耗时较长的业务单独定义合理的指标。

2）吞吐率

在单位时间内，一项业务处理完成的请求数就是吞吐率。如果是单项业务，就可以直接定义吞吐率指标。但如果是多项业务一起考虑，虽然也能定义总体吞吐率，但这种总体吞吐率意义不大，因为有的业务逻辑简单，吞吐率很高，有的业务逻辑复杂，吞吐率很低，放在一起考虑就不合适。如果是每项业务单独定义吞吐率，在单独测试时虽然每项可能都达标，但在总体测试时由于资源争用，可能有一些就无法达标了。

3）并发

严格意义上的并发是指系统同时处理的请求数，与吞吐率不是一个概念。采用并发模型的业务通常处理时间长，如下载大容量文件、语音识别等，这种业务的特点是，输入数据非一次性输入，而是在一段时间内持续输入的，所以后台无法一次性以最大能力计算，而要消耗一定的资源，以一定的节奏来处理。当采用并发指标时，通常更加在意后端资源的占用。

4）在线用户

对于复合业务场景来说，可以用在线用户数来体现系统的压力水平。实际的访问模型是，系统的各个接口在某时间段内被以一定的比率随机调用。当在线用户数达到一定数量时，各项业务被调用的比率基本确定，唯一的变量就是在线用户数。所以，可以将在线用户数作为主要的性能指标。当这个指标确定后，与性能测试中的 VUSER 数对应就会比较容易。

5）资源限制

当系统处理业务时，后端的各台服务器都要消耗资源。为了保证系统平衡运行，需要将资源消耗控制在一定的范围内，以免发生崩溃或服务水平下降。通常将 CPU 利用率、内存使用率、磁盘繁忙率、网络占用率等指标限制在 80% 以下。

定义性能需求需要从已知的数据出发，通过进行合理的分析和推导得出以上几个指标。最终符合性能需求的条件通常是，在预想的在线用户数规模下，平均响应时间达标，同时后端资源占用未超过限制条件。其中，吞吐率和并发隐含在在线用户数背后，因为实际的请求是由用户操作间接产生的，有了一定的用户和这些用户使用各种业务的比率，各个接口在一定时间段内的请求数也就确定了，最终体现为各种接口的吞吐率。因此，吞吐率并不需要显式要求，只要请求不出错，平均响应时间达标就可以。有的运营分析类系统的用户可能很少，只有个位数，但每次分析要处理大量数据，可能耗时较长，可达到分钟甚至小时级别，这时性能需求的关注重点是响应时间，而不是在线用户数。在这种情况下，需要对每项可能耗时较长的业务单独定义响应时间，而不是考虑并发性，并且这种大计算量任务往往会占用 100% 的 CPU 或磁盘性能，这时对后端的资源占用也可以不做要求。

3. 安全性需求

安全性可以分为通用安全性和特定安全性。架构师如何考虑安全性取决于组织内有无安全专家。如果没有安全专家，那么架构师要考虑所有方面；如果有安全专家，那么由安全专家考虑通用安全性，由架构师考虑特定安全性。但实际上，由于安全领域相对比较专业，涉及的知识点很多，架构师在安全方面通常并不会达到很专业的程度。为了避免项目的安全性考虑不足，软件组织最好配备安全专家（安全专家可以同时支撑多个项目）。

特定安全性是指由于系统的业务特点所面临的特定威胁。例如，考试报名系统可能只在一年中的某几天开放，这时会有人进行 DDOS 攻击，让一般人无法报名，此时攻击者会开展代为报名业务，从中牟取利益。对于系统涉及的业务，架构师更了解，因此建议由架构师考虑特定安全性，前提是架构师熟悉业务，并且具备安全威胁建模能力。

分析安全性需求，要基于威胁建模的思路，考虑的是系统中有什么资产可能被其他人以什么方式攻击。需要保护的资产有系统本身、各种数据和应用程序。针对系统的攻击方式主要是拒绝服务攻击，通过大量的请求让正常的请求无法执行，实施者可能是竞争对手，或者想通过系统不可用来获得不当利益的人。针对数据的攻击形式有窃取、篡改和破坏。数据总是要保护的重点，数据出现不可恢复的损坏、机密性数据被泄露、关键数据被篡改，都是不可接受的。数据破坏有可能是因为硬件发生故障或人员误操作；数据被泄露和篡改可能是因为受到了黑客攻击。针对应用程序的攻击形式是反编译以获取代码，攻击来源可能是竞争对手，或者黑客通过了解客户端代码来分析服务端漏洞，进而发起下一步攻击。除了这些具体的威胁，还有安全体系上的要求，如整个系统要求的等级保护为几级。体系上的安全性要求往往由安全部门主导，架构师更多的还是识别特定安全性需求。

安全性需求分析框架如表 2-4 所示。架构师应当与安全专家配合，共同确定整个系统的安全性需求。

表 2-4 安全性需求分析框架

方　面	项　目	分　析　要　点
安全资质	等级保护、密评、双新评估	资质的达成要求，如通过三级等级保护并取得测评认证。建议根据业务规划或客户需求确定，等级保护评定由公安部负责，密评由国家密码管理局负责
个人信息保护	用户隐私协议	功能需要满足首次授权、协议更新时授权、拒绝授权，需要在逻辑架构中使用时序图描述
	实名制	采用方式有身份证和护照等有效证件、企业工商注册材料，需要在逻辑架构中使用时序图描述
	敏感信息展示	当进行敏感信息展示时，是否设计从后端对个人敏感信息进行标识化，前端标识展示功能。前端访问个人敏感信息需要进行二次认证。 敏感数据包含用户个人敏感数据和业务敏感数据，用户个人敏感数据包括姓名、身份证号、住址、手机号、银行账号、邮箱、密码、交易和消费记录等，业务敏感数据包括经营分析数据、业务相关 IP 地址等
	App 隐私合规	如果移动应用涉及个人信息处理，应符合相关法律法规的要求，提供隐私政策等功能，如涉及个人信息出境，需要做安全评估、第三方信息共享清单、隐私政策、隐私政策摘要等功能，以及对权限、隐私政策可以撤回同意等功能
	敏感信息保护	个人敏感信息需要使用行业推荐加密算法进行加密传输和存储
内容安全	内容运营	对接的渠道，渠道包括本地化安全监管平台（基线提供）、中心安全内容审核平台（共享服务提供），其他渠道可自拟
	服务资质	业务是否涉及互联网新闻信息服务，如有时政新闻发布或转载等功能，是否涉及已申请互联网新闻信息服务许可证
	用户服务协议	用户注册、登录时是否与用户签署用户协议，该协议中明确规定用户不得发布、传播法律法规和国家有关规定禁止的信息，情节严重的，将封禁或关闭有关账号
	用户管理	是否设计了用户黑名单模块，禁止黑名单用户使用内容发布功能
	发布 IP 地址归属地显示	是否展示用户 IP 地址归属地，境内显示到省或直辖市，境外显示到国家或地区
	投诉举报	是否设计了统一的投诉、举报页面，投诉、举报页面可以提供违规类型选择，如"违法犯罪"、"色情低俗"和"不实信息"等
底线管控	漏洞修复	所有上线发布版本必须满足扫描要求，并且高危、致命漏洞和未授权漏洞必须在修复之后才可以发布
	产研安全	遵守安全需求、架构设计、组件安全、安全扫描、发布上线等各项安全活动和安全管理要求

方　面	项　目	分 析 要 点
通用安全	访问控制	说明定义角色的功能权限和数据权限，访问控制流程
	身份认证	说明身份认证采用的认证方式（密码+手机号）、初始密码在首次应用时修改及密码复杂度
	会话控制	系统对互联网访问采用 HTTPS 协议（或 TLS 协议、SSL 协议），保障数据传输的安全性
	安全审计	说明覆盖到的安全审计功能、留存期限及对日志的防护等
	安全防护	DDOS、CC、WAF 防护，识别为关键业务（用户规模大、宕机影响大等）的至少要具备 DDOS、CC 能力，WAF 可选商用阿里云等或自研"鸢鸟"防护
		防暴力破解，技术包含验证码（用户中心验证码、自研验证码、三方验证码等）、出错多次锁定、同一 IP 地址下账号密码出错过多锁定、超时自动注销登录等
	数据保护	说明何种数据需要何种保存方式，是不可逆的哈希还是可逆的加密，以及算法有无约束等
		保护范围，常见的敏感数据大类主要有用户，可以初步以泄露后的业务发展影响来预估或联系安全专员介入
		销毁，设计删除应用内产生的数据的功能
		传输，敏感数据包含用户个人敏感数据和业务敏感数据，用户个人敏感数据包括姓名、身份证号、住址、手机号、银行账号、邮箱、密码、交易和消费记录等，业务敏感数据包括经营分析数据、业务相关 IP 地址等
	安全性约束	格式校验，对系统的输入/输出做格式校验，尤其是输入参数；例如，页面需要输入的域名字段，需要校验域名格式、长度、输入类型为字符串等
		恶意参数处理，对输入参数做防攻击处理，如对点号、大于号、小于号和"%20"等特殊字符的过滤处理

4．兼容性需求

兼容性需求需要考虑完整，主要包括以下几方面。

1）CPU

CPU 以架构作为兼容的基础，不同的架构对应不同的指令集，相互之间不能兼容。目前，服务端除了常见的 x86_64 架构，还有 AArch64、RISC-V、LoongArch 等，需要根据客户的实际情况考虑要兼容的 CPU 架构。CPU 架构主要影响非跨平台使用的语言（如 C 语言、C++）编写的应用程序，在更改 CPU 架构时，这些程序需要重新编译才能运行，并且还要依赖各种库。

2）操作系统

服务端操作系统、客户端操作系统都需要考虑。操作系统的兼容性较为重要，如果将来要切换操作系统，那么修改应用程序的代价可能比较大。

3）数据库

有些客户对数据库选择有倾向性，并不是由软件组织决定的，所以需要事先考虑支持哪些数据库。

4）中间件

与数据库类似，软件组织可能需要提前适配多种中间件，避免临时开发。

5）浏览器

不同浏览器支持的标准不尽相同，显示同一页面的效果和行为可能不同，需要事先考虑客户实际使用的是哪种。

6）分辨率

在不同分辨率下页面会有不同的表现，所以需要事先规定，避免布局出现错乱甚至脚本无法运行。

5．可扩展性需求

可扩展性经常与可伸缩性混为一谈。从严格意义上来说，可扩展性是指功能而不是性能或容量的伸缩。可扩展性常见的意义包括增加功能容易、改变系统行为容易、与未知系统集成容易等。架构师需要识别的是将来可能出现变化的方面，在可变点上进行定义。例如，现在支持使用支付宝进行支付的系统，将来可能还需要支持其他支付平台。一个支持在线办理 20 种业务的系统，将来可能需要支持 30 种。隐含的约束是，在增加新的能力时对原有系统的逻辑不能有影响。

6．可伸缩性需求

可伸缩性主要是通过硬件配置的升级，使系统能够处理更大的业务量。可伸缩性其实包括性能伸缩和容量伸缩。性能伸缩是在单位时间内处理更多的业务，容量伸缩是能承载更多的数据，有时性能和容量同时需要伸缩。

定义可伸缩性需求，需要定义具体的数据指标，明确说出当前是多少，多长时间以后要达到多少。隐含的前提是，在系统伸缩时，软件不需要修改，最多调整一些配置，主要靠硬件的调整来实现快速伸缩。可伸缩性还有一些时效上的要求，定义多长时间完成系统伸缩。

7．成本需求

这一部分没有技术因素，单纯是经济上的考虑。可用性、性能、安全性在很大程度上与投入多少有关，如果不加以限制，架构师完全可以用更多更好的硬件和安全设备来满足需求，但现实是每个项目都有一定的预算限制，不可能任意选择。在开始设计之前，架构师必须明确预算限制，在这个限制内进行选择。

8．其他约束

除了以上非功能性需求，可能还有客户的喜好或要求、机房条件、团队成员技术能力等方面的限制，这些也需要识别且定义出来，并作为架构设计的前提。

第 3 章

▶▶ 架构设计

架构设计以业务理解、需求分析的成果为输入，对系统架构进行设想和描述，最终输出架构设计文档。4+1 架构视图也可称为 4+1 视图模型，是一种软件架构设计方法，通常用于从不同的视角描述大型复杂软件系统。4+1 视图模型由 Philippe Kruchten 于 1995 年提出，并在 Rational Software Corporation（现在的 IBM 公司）的 Rational Unified Process（统一软件过程）中得到广泛应用。图 3-1 所示为经典的 4+1 视图模型。

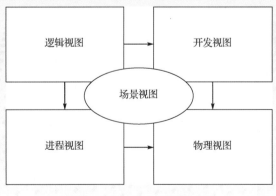

图 3-1　经典的 4+1 视图模型

下面对几个视图进行解释。

- 逻辑视图：描述系统的功能、组件和它们之间的关系。该视图主要关注系统的静态结构，包括类、接口、包和模块等，用于表示系统的组织结构、模块划分和关系。
- 进程视图：描述系统的并发性和分布性。该视图主要关注系统在运行时的行为，包括系统运行时的进程、线程、节点和通信方式等，用于表示系统的并发性、分布性、通信和同步方式。
- 物理视图：描述系统的部署和配置。该视图主要关注系统在物理计算资源上的部署，包括硬件、网络、服务器和存储等，用于表示系统的部署拓扑、配置和资源分配。
- 开发视图：描述系统的软件开发过程。该视图主要关注软件的开发、构建和部署过程，包括开发环境、版本控制、构建工具和编译器等，用于表示系统的开发工程、构建过程和开发环境。
- 场景视图：描述系统在不同情景下的使用场景。该视图主要关注系统的用例、用户交互和系统行为，包括用户界面、用例场景和用户需求等，并用于表示系统的功能需求、用户交互和系统行为。

4+1 视图模型存在以下问题。

1）时代局限性

4+1 视图模型是 1995 年提出的。1995 年，Windows 95 刚刚发布，Java 语言刚刚诞生，互联网尚未普及，浏览器也刚刚出现，软件系统采用的是单一技术的单体应用，且运行在少量几台机器上，与现在的大型信息系统在技术复杂度、业务复杂度、开发规模、用户规模、部署规模上都无法比较。在这种技术背景下，整个方法论考虑的面比较狭窄，仅适用于单机应用或简单的 C/S 结构和 B/S 结构的应用系统。

2）描述充分性

对于大中型项目来说，描述系统架构仅仅用几个视图是远远不够的。图虽然易于理解，但表达的信息量有限。为了描述完整的架构设计，还需要使用大量的文字来说明设计思路，以及使用大量的表格来进行信息整理、比较分析。最终将所有的图、表格和文字组织在一起，才能形成完整的架构设计文档。

3）逻辑视图问题

逻辑视图是在软件层面对系统进行初步分解。由于提出 4+1 视图模型时软件系统大部分为单体应用，采用单一技术，在技术上没有多少可以考虑的，因此如果对系统进行分解，不可避免地就要考虑这个单体应用的程序结构，结果就到了类、包、模块的粒度。现在的大中型项目甚至小型项目一般都不再是单体应用，而是由很多组件构成的分布式应用，因此需要在组件维度对系统进行分解，在组件层面考虑可复用性、技术选型，而对每个组件内部的代码结构暂不考虑。总体而言，在软件系统复杂化后，对系统分解的主视角发生了变化，从代码结构变成了组件划分，所以 4+1 视图模型中的逻辑视图其实已经不再适用。

4）开发视图问题

经过组件划分后，所有组件可以分为复用组件和开发组件。对于每个要开发的组件，确实有必要确定其工程结构，但是对于一个有一定积累的软件组织来说，代码工程的框架是可以直接复用的，并不是每个项目都要考虑。开发语言、开发工具、框架、过程支撑工具也都是固定的，不需要每个项目都考虑，因此开发视图中涉及的内容其实没有多少需要考虑。在架构设计的第一视角变成组件后，更重要的其实是定义组件与代码工程的对应关系，至于每个代码工程的内部结构，可以延后考虑，不在系统架构设计的考虑范围内。

5）进程视图问题

在系统复杂度提升、第一视角变成组件后，进程逐渐被弱化，如果要考虑进程也是对每个组件分别考虑，至于每个组件由几个进程组成，线程模型如何设计，可能到开发阶段才需要考虑。首先要考虑的其实是各个组件之间如何通信，这种通信不是进程间通信，而是网络通信，涉及通信协议、传输格式和通信框架的选择。

6）物理视图问题

这里把部署视图当成物理视图，但"物理"一词的含义并不明确，如果是指硬件，就没有软件什么事，只展示服务器即可；如果是指软件到硬件的映射，就是部署，此时不应该用"物理"一词。之所以出现"物理"一词，很可能是为了与"逻辑"对应。

7）场景视图问题

场景视图是用例，属于功能性需求，是在做架构设计之前就应该确定的。在架构设计阶段，需求是输入，架构师需要对需求进行确认，而不是在这个阶段考虑需求。

8）几个视图的关系不明

几个视图是从不同角度来考虑问题的，这几个视图相互之间有何关系呢？可以尝试用领域模型来理解 4+1 视图模型，如图 3-2 所示。当系统是小型的且由一个单体应用构成时，该应用就是系统的全部，应用的架构即系统架构。系统需求对应场景视图，应用的代码工程对应开发视图，设计的类对应逻辑视图，部署的机器对应物理视图，运行的进程对应进程视图。架构设计是围绕单体应用、代码工程、类、机器和进程这几种元素展开的，架构设计范围是图 3-2 中虚线框选的部分。

当系统为大中型时，可复用性被提升到一个较高的高度，系统将由很多组件构成，其中一部分是复用的，一部分是要开发的，系统架构要考虑的首先是这些组件的划分和技术选型，而不再是某个组件的内部结构。大中型系统架构设计领域模型如图 3-3 所示。其中，第一层级要考虑的内容变成组件构成。另外，需求作为输入，不纳入架构设计范围内。设计的类由于层级降低且与业务功能关联密切，因此不在架构设计范围内。

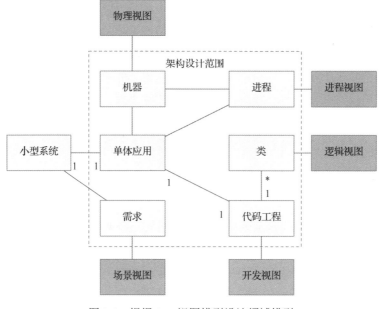

图 3-2　根据 4+1 视图模型设计领域模型

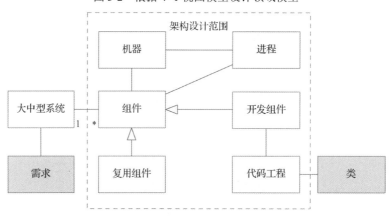

图 3-3　大中型系统架构设计领域模型

　　本书要讲的架构设计方法采用的是图 3-3 中的思路，以组件驱动，首先对系统划分组件并定义其关系，然后基于组件划分的结构来定义技术要素。整个设计分为逻辑架构设计和物理架构设计两个阶段。这里的逻辑和物理分别指抽象和具体，类似于面向对象编程中先定义一个抽象类，再编写一个具体的实现类。其实很多设计都分为逻辑设计和物理设计两个阶段，如系统工程、数据库工程等。分为这样两个阶段有一大好处，就是先通过抽象的逻辑设计可以尽快确定相对稳定的总体结构，再在这个基础上做进一步的设计就会比较清晰，在物理架构设计中针对逻辑架构的元素逐一具体化就可以得到最终设计。有的书将物理架构当成服务器视图或部署架构，这是一种错误的理解，读者需要注意。

3.1 逻辑架构设计

与业务分析中的做法类似，描述逻辑架构仍然采用动静结合的思路。在这个阶段，静态的是以 UML 组件图体现的逻辑架构图，动态的是以 UML 顺序图体现的系统内部流程。

在整个架构设计中，是以组件为核心元素进行驱动的。在软件工程的各个阶段，组件具有不同的形式。组件最早诞生于设计期，此时它是组件图中的一个元素，是架构师设想的一个工作单元。在开发期，组件对应一个或多个代码工程。在部署期，组件是由代码工程编译后的制品构成的目录。在运行期，组件是进程。做架构设计比较合理的思路是以终为始，先设想运行期的最终状态，再反推部署架构、代码结构。因此，最先需要描述的其实是系统运行期的进程态的组件构成设想。

3.1.1 逻辑架构图

一图胜千言，为了说明逻辑架构，首先需要一张逻辑架构图，将对系统的分解设想描述出来。逻辑架构图是从宏观上，以抽象的思维，按运行态组件的视角，对系统的总体结构进行设想的。由于图中的元素主要是组件，因此很容易想到用 UML 组件图来表达。下面先引入一个例子，如图 3-4 所示，结合图例来说明应该如何绘制逻辑架构图，在绘制完以后能说明什么问题。

读者会感觉图 3-4 非常清晰。为什么会有这样的感觉呢？下面就读者可能会问的问题对逻辑架构图进行解读，说明应该如何绘制逻辑架构图。

1）架构图的规范是什么

本节采用的是 UML 组件图，这是一种结构图，用于表达静态关系。但由于用到的元素不多，基本上有方框和线就可以，因此如果没有专业的 UML 工具也没有关系，使用一般的绘图工具，能达到相似的效果就行。

2）图中有哪些类型的元素

作为组件图，图中的主要元素自然是组件，其他元素包括地点、用户。如果有什么数据需要特别强调，那么还可以有逻辑数据项。有的组件间是通过数据来间接产生关系的，如后台管理系统产生配置数据，前台业务系统基于配置数据运转业务。这时可以将配置数据作为一个逻辑数据项显式地表示出来。

3）组件的粒度是什么

组件是一个比较通用的词汇，代表的对象可大可小。从小到大来说，组件可以是类、由若干相关类构成的模块、进程、子系统。因为架构设计是宏观设计，所以在架构设计层面只考虑进程或子系统粒度的组件，不考虑类、模块这种程序级别的组件。系统实现的过程是先开发，再部署，最后运行，但设计思路应该是倒推的，即先考虑运行期是什么样子，再考虑应该如何部署，最后考虑应该如何开发。

图 3-4　逻辑架构图示例

4）组件是如何划分的

同样的功能性需求，既可以用一个进程的单体应用来实现，又可以用多个进程的微服务架构来实现，那么决定组件划分的因素到底是什么呢？这个问题应该是很多架构师的困惑。为了解答这个问题，需要先梳理工程前后的推导关系。根据业务流程可以推导出系统用例，根据系统用例可以推导出功能，根据架构将功能再拆解为模块，但是组件的划分好像与这些都没有太大的关系。其实，组件划分更多的是由非功能性需求决定的。试想，如果一个系统是交付型的产品，并且本身很稳定，交付出去后基本由客户自己运维，那么它的架构越简单越好（最简单的架构就是单体应用）。如果一个系统是自运营的，它的业务比较复杂，各个模块需要频繁迭代升级，那么适用微服务架构，不同模块间可以互不影响。关于微服务如何拆分，这是一个专门的话题，已经超出了本书的讨论范围，因此本节不展开介绍。

5）组件有哪些类型

组件可以按照不同的维度分类。

如果按照职责划分，则可以分为边界型（面向人的 UI 组件、面向程序的 API 接口组件）、服务型和任务型。边界型组件位于系统边界上，向外部暴露 API 接口组件或 UI 组件，一般只负责接收请求并转发；服务型组件是真正实现业务逻辑的组件，在内部暴露接口，供其他组件访问；任务型组件用于执行某些内部计算任务，可能由定时器触发，也可能由人工触发。这 3 种类型的组件都可能是一个或多个，最简单的架构可能是一个三合一的单体应用（以前的基于 JSP 的 WebApplication），在复杂的情况下每种组件可能都有若干独立组件。有时组件是按用户划分的，如前台的外部用户访问的是各种业务服务，系统管理员访问的是后台管理服务。

如果按照是否开发划分，则可以分为可复用组件、待开发组件。系统一般不会什么组件都开发，总会有一部分是复用的。可复用组件又包括组织自身的、第三方的，如 MySQL 就是第三方组件，组织可能开发过一个用户管理子系统。用户管理子系统属于自研 CBB（Common Building Block）。建议要开发的组件、自研可复用组件和第三方可复用组件用不同的颜色进行区分，以便可以清晰地看出整个系统开发与复用的情况。

6）组件如何命名

命名不是一件小事，好的名称不仅容易让人理解，还可以减少沟通成本。可以定义命名规范，如将边界型组件命名为"XXX 接口"，将服务型组件命名为"XXX 服务"，将任务型组件命名为"XXX 任务"。这样，通过名称就能一眼看出这个组件是什么类型的，容易理解它的作用。对于子系统，如果它原来有正式的名称，那么可以直接引用；如果没有，那么可以将其命名为"XXX 子系统"、"XXX 中心"或"XXX 平台"等，这样也可以一眼看出这是一个子系统。另外，有的读者可能还没有意识到，就是整个命名采用中文，这是为了让组件的含义更好理解，后面到了适当的时机，再转换为贴近实现的英文。

7）组件是抽象的还是具体的

在图 3-4 中，将入口组件命名为"API 网关"。API 网关指代的其实是一种组件类别，而不是具体的一种组件，属于 API 网关类型的组件有 SpringCloud Gateway、APISIX、KONG 等，它们的作用都差不多，都能接收请求并转发。在逻辑架构中，不要急于确定一类组件的具体选型，应先考虑有这样一类组件能解决什么问题。所以，此时对组件的命名是抽象的，它往往只代表组件的类别，而不是具体的哪一种组件。在逻辑架构中只考虑抽象组件的另一点好处是可以尽快确定系统的架构。

8）架构图中的关系有哪些

架构图中总共有两种关系，分别为用户与组件的关系、组件间的关系。用户与组件的关系比较简单，就是使用关系。组件间的关系一般是调用关系，通常使用直线，因为根据图的布局，调用方向是不言自明的，基本上都是由外向内，所以不用特意用箭头强调调用关系的方向。

9）架构图如何布局

设想系统上线运行后，系统的后台部署在某一地点的机房中，各种用户在不同地点使用各种设备上的前端应用来访问系统，或者某个地点的某个外部系统与本系统互相访问。因此，比较自然的布局方式就是以地点来进行大的切分，将各种用户、组件先放在某一地点，再建立关系。通常自上而下依次设置为系统的各种用户、前端组件、边界组件、服务组件和任务组件。组件的位置尽量对齐，连线尽量横平竖直，避免出现交叉线。

10）架构图的质量如何评价

组件划分是否合理；组件命名是否规范合理；用户-组件、组件-组件的关系是否完善；布局是否合理，图是否紧凑，线是否横平竖直，是否有交叉线，线是否杂乱。

3.1.2 系统流程

架构图是静态视图，表达的是一种结构，只能体现静态关系。系统最终是要处理业务的，需要动态表达处理业务的过程。处理业务最完整的过程来自业务分析阶段的业务流程分析，但业务流程的粒度较大，只是在系统边界上定义交互过程。业务相关操作到系统中之后，内部如何处理取决于系统的内部结构。因此，需要将流程基于系统内部结构展开，说明这个操作在该系统中是如何处理的，具体来说，就是如何通过内部各个组件的相互协作来完成。对于系统流程，同样可以用 UML 顺序图来表达。

业务中可能存在很多流程，涉及很多对系统的操作，这些操作都要展开为系统内部流程吗？答案是不一定。如果各个操作对应的系统流程不一样，则需要分别描述；如果各个操作对应的系统流程类似，则可以进行归纳总结。技术归纳性的系统处理流程示例如图 3-5 所示，在微服务架构下，对于所有业务服务来说，技术上的机制都是一样的，即服务实例启动后首先到服务注册中心注册，然后由服务调用者先查找后调用。

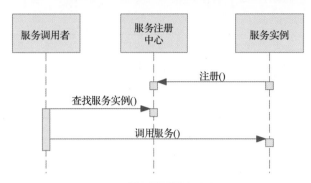

图 3-5　系统处理流程示例

3.2　物理架构设计

物理架构设计是整个架构设计的重点。物理架构设计基于逻辑架构设计并进行具体化，解决非功能性需求问题。首先是对逻辑组件进行具体化。逻辑组件分为可复用组件和待开发组件两大类：对于可复用组件，要在其所属类型中进行技术选型，如将命名为"API 网关"的抽象的逻辑组件转变为"APISIX"这样具体的物理组件；对于待开发组件，要确定其编程语言、主要框架、最终形态。将逻辑组件全部具体化之后，需要考虑部署架构，以及针对所有的非功能性需求考虑解决策略，由此完成物理架构设计。

3.2.1　可复用资产梳理

在进行具体的设计之前，需要先梳理组织内的可复用资产，以作为设计中可用的元素。表 3-1 所示为可复用资产调查表示例。

表 3-1　可复用资产调查表示例

资 产 类 型	资 产 名 称	说　　明
机房	自有数据中心	尚有 2 个机柜的扩展空间
设备	服务器	1 期项目采购的服务器还有 2 台闲置
	存储	1 期项目采购的磁盘阵列还有 80TB 空间可用
网络	互联网带宽	当前租用了 100Mbit/s 带宽，实际峰值在 60Mbit/s 左右
软件 CBB	用户管理子系统	公司自有 CBB
	短信平台	公司自有 CBB
	支付子系统	公司自有 CBB
在线服务	语音识别服务	公司自有在线服务
	语音合成服务	公司自有在线服务

续表

资 产 类 型	资 产 名 称	说　　明
开发资产	后端开发框架	部门研发资产
	前端开发框架	部门研发资产
	移动端开发框架	部门研发资产

3.2.2　物理架构图

物理架构始于一张物理架构图，是以逻辑架构图为基础进行具体化的产物，体现的仍然是软件视角，而非物理服务器视角。之所以会产生这样的误解，其实与命名有很大的关系。从名称来看，物理架构给人的第一感觉就是物理服务器层面的。但物理其实是相对于逻辑来说的，逻辑对应的是抽象，物理对应的是具体。图 3-6 所示的物理架构图示例就是基于之前的逻辑架构图进行转换的。通过这个转换过程可以发现，这样的思路比较自然合理，如果直接是服务器视图，就会非常突兀，不知道是怎么来的。

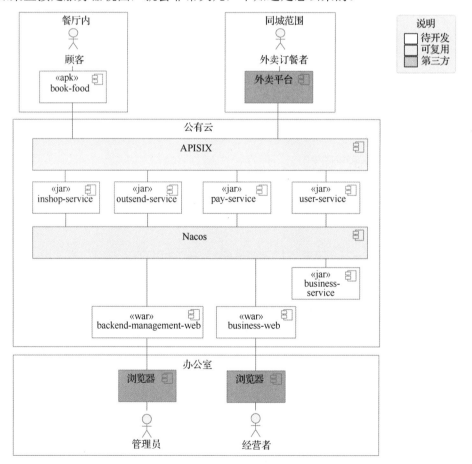

图 3-6　物理架构图示例

通过对比图 3-4 和图 3-6 可以发现，相比逻辑架构图，物理架构图的布局没有发生太多的变化，但其中的组件有两方面的变化，一是组件的名称变成了英文，二是组件都具有形态。逻辑组件到物理组件的转换并不一定是一对一的，如逻辑架构中有注册中心、配置中心，如果打算采用 SpringCloud 体系实现，那么这两个组件分别是 Eureka 和 SpringCloud Config，如果打算采用 Nacos 实现，那么 Nacos 就能顶两个组件。有时考虑到可用性或一些通用技术因素，还会增加物理组件，如负载均衡器、日志平台。物理架构图中并不是所有元素都要英文化、标明形态，对于复用的组件，可以沿用逻辑架构图中的表现形式，因为其英文名称和形态已经确定。有时需要对逻辑组件进行合并，如逻辑架构中有若干逻辑数据项，如果发现它们都是关系型的，那么可以用 MySQL 数据库来承载所有的逻辑数据项，如果其中有文件，那么可以考虑增加一个文件存储组件或对象存储组件。另外，还有线的问题，组件间有连线说明它们需要通信。在物理架构中，需要确定通信协议和格式，对外一般采用通用协议 HTTP，内部通信有时可以采用效率更高的 GRPC 协议、DUBBO 协议等，可以在线上标注所用的协议。

物理架构图完成后，得到的其实是贴近系统实际运行状态的纯软件的视图，这里的组件基本上可以理解为运行期的进程，只不过没有考虑高可用，各个组件只绘制了一个实例。按照前面提到的倒推思路，下一步就是考虑运行之前的部署问题。

3.2.3 部署架构

关于部署架构，业界并没有十分权威的定义，大家通常从字面含义进行理解。部署架构的范畴其实可大可小。狭义的部署架构仅指软件到硬件的映射，以及硬件之间的连接关系；广义的部署架构包含软件、硬件、网络、地点这几种元素之间的所有关系。部署架构领域模型如图 3-7 所示。当所有软件组件在硬件上运行起来之后就可以正常通信，直至整个系统可以正式提供服务才算完成了部署。描述部署架构，就是将图 3-7 中的所有元素和关系描述清楚。由此可见，描述部署架构并不是一件简单的事情，如果没有完整的概念，就会遗漏很多内容。

要完成整个部署，可以分解为以下 3 个步骤来考虑。

1. 软件部署

软件部署就是将所有的软件组件部署到运行环境中，需要确定以下几方面内容。

（1）采用何种运行环境。以前的运行环境中只有物理机，但随着技术的发展，现在的运行环境还可以是虚拟机、容器这样的虚拟环境。具体采用哪种运行环境，需要综合考虑多种因素。几种运行环境的对比如表 3-2 所示。

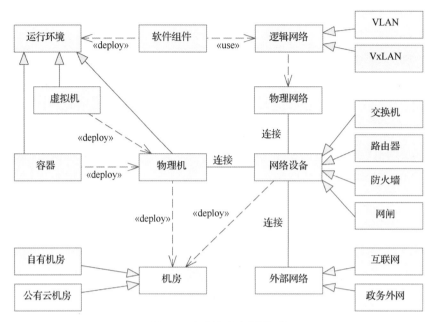

图 3-7　部署架构领域模型

表 3-2　几种运行环境的对比

方　　面	物　理　机	虚　拟　机	容　　器
交付周期	从采购开始算需要两个星期到一个月	从申请开始算需要几个小时	从申请开始算需要几个小时
部署效率	手动部署时效率低，如果有自动化部署机制则效率高	手动部署时效率低，如果有自动化部署机制则效率高	基于容器镜像部署，效率高
可管理性	个别管理	基于虚拟化平台软件集中管理	基于容器平台软件集中管理
资源利用率	由于组件分配不合理，资源利用率往往较低	多台虚拟机共用物理机，对物理机的资源利用率较高，但虚拟机内部可能也不高，并且虚拟机自身会额外消耗资源	多个容器实例共用物理机，对物理机的资源利用率较高，容器引擎自身消耗相对虚拟机较低
性能	最好	计算损耗不大，I/O 损耗较大	计算损耗不大，I/O 损耗较大
成本	仅硬件成本	• 私有化场景：硬件成本+虚拟化平台软件成本。 • 公有云场景：基于云服务厂商定价	• 私有化场景：硬件成本+容器平台软件成本。 • 公有云场景：基于云服务厂商定价
运维人员技能要求	掌握操作系统常规操作	额外掌握虚拟化平台软件的使用	额外掌握容器相关知识和容器平台软件的使用
适用场景	• 自有机房内的小型系统。 • 承载计算密集、I/O 密集的组件	• 占用资源不多的无状态服务。 • 组件数量较多，需要考虑资源利用率	• 占用资源不多的无状态服务。 • 组件数量较多，需要考虑更高的资源利用率

一个系统中的运行环境不一定只有一种，对于大中型项目来说，可能存在多种形式混

用的情况。对于不同类型的组件，可能需要采用不同的运行环境来承载，以满足性能、可管理性、成本等方面的需求。描述以何种运行环境对软件组件进行承载可以用 UML 部署图。组件部署图示例如图 3-8 所示，该示例展示了物理机、虚拟机和容器 3 种形式的组件部署。只体现运行环境承载组件的部署图看起来比较简单，因为其中甚至不需要连线。但要注意一件比较重要的事情，就是运行环境的命名。其中，物理机和虚拟机的命名都可以是"XXX 服务器"；容器通常以 POD 的方式运行，所以可以命名为"XXX POD"。需要注意的是，同一系统内所有的运行环境不能重名，并且命名要能体现其容纳的组件的功能。当某一运行环境可以容纳多个组件时，需要对这些组件的功能进行归纳。

图 3-8　组件部署图示例

（2）运行环境的规格是什么。在软件既定的情况下，硬件配置是决定性能的主要因素，需要确定的主要是 CPU、内存、磁盘和网卡等主要配件的规格。各种组件在运行时对硬件资源的消耗各不相同，有的占 CPU 多，有的占内存容量多，有的占磁盘 I/O 多，有的占网络 I/O 多，需要根据组件的计算特点，考虑适当的配件规格。配件规格合理，有助于减少运行环境数量，降低成本。硬件成本是系统中需要显式投入的一大笔资金，架构师需要认真考虑，通过合理的选型和设计，力求以较小的投入得到较高的性能。可以采用表格描述运行环境规格。物理服务器配置表示例如表 3-3 所示。

表 3-3　物理服务器配置表示例

服 务 器		服务器类型 1	服务器类型 2	服务器类型 3	服务器类型 4
CPU	主频/GHz	2.1	2.1	2.1	2.1
	数量/个	2	2	2	2
	核数	8	8	8	12
内存	规格	DDR4	DDR4	DDR4	DDR4
	频率/MHz	2400	2400	2400	2400
	单条容量/GB	16	16	16	16
	数量/个	4	4	4	8
	总容量/GB	64	64	64	128

服 务 器		服务器类型 1	服务器类型 2	服务器类型 3	服务器类型 4
网卡	速度/（Gbit/s）	1	1	1	1
	数量/块	4	4	4	4
磁盘组 1（系统盘）	类型	10 000r/min	10 000r/min	10 000r/min	10 000r/min
	容量/GB	600	600	600	600
	数量/个	2	2	2	2
	RAID	1	1	1	1
	总容量/GB	600	600	600	600
磁盘组 2（数据盘）	类型		SSD	SSD	7200r/min
	容量/GB		800	800	6000
	数量/个		2	2	2
	RAID		1	1	1
	总容量/GB		800	800	6000

虚拟机/容器可选的规格相对较少。虚拟机/容器配置表示例如表 3-4 所示。

表 3-4 虚拟机/容器配置表示例

虚拟机/容器	CPU		内 存	网 卡	磁 盘 组 1		磁 盘 组 2	
	核 数	容量/GB	速度/（Gbit/s）	类 型	容量/GB	类 型	容量/GB	
虚拟机类型 1	4	8	1	HDD	50	HDD	100
虚拟机类型 2	8	16	1	HDD	50	HDD	100
虚拟机类型 3	16	32	1	HDD	50	SSD	500
虚拟机类型 4	16	32	1	HDD	50	SSD	500

2．运行环境部署

运行环境部署是指将包含软件组件的运行环境部署到具体地点。不论是容器、虚拟机，还是物理机，都必须在具体的地点提供服务，即使是在公有云上，也要选择具体的地点。另外，还要解决其中软件组件的高可用问题。软件组件往往需要多个实例，相应的运行环境也需要多个实例。在运行环境部署图中，将体现各种运行环境的部署实例数。还可以补充一些连线，以体现其中软件组件的通信关系。此处没有必要将其中的组件绘制出来，各种运行环境下有什么组件在前面的组件部署图中已经明确，这里不需要重复表述。在做设计时，需要注意前后延续，避免重复。运行环境部署图示例如图 3-9 所示。

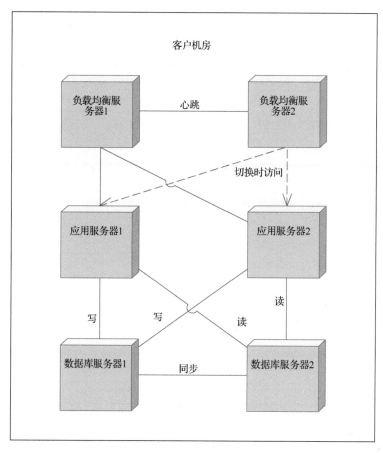

图 3-9　运行环境部署图示例

3. 网络架构

最后需要将运行环境连接到网络中。从内外部关系来看，网络分为内部网络和外部网络，所有运行环境都要连接内部网络，一部分需要访问外部网络，一部分需要被外部网络访问。从网络层级来看，网络可以分为物理网络和逻辑网络。物理网络是指网卡、网线、交换机等网络设备连接在一起形成的有形的网络；逻辑网络是基于物理网络连接，采用 SDN 等方式定义的无形的网络，可以有 VLAN、VxLAN 等形式。架构师需要将以上关系全部考虑清楚，最终使各个组件能够使用其运行环境中连接的网络进行必要的通信。

各种内部网络和外部网络都可以定义为一个逻辑网络。对于每个逻辑网络，需要给它一个恰当的名称，如办公网、研发网，以便在概念上进行区分，以此为基础说明连接和访问关系。在定义逻辑网络时，可以通过表格的形式，先对所有的逻辑网络进行定义，如表 3-5 所示，再描述各种运行环境与这些逻辑网络的连接和访问关系，如表 3-6 所示。表 3-6 中的"连接"表示双向访问，连接在同一网络中的运行环境相互之间都可以访问；"访问"表示单向访问，是指运行环境可以访问到该网络，但不是通过二层网络直接访问，而是经过路由、网关、代理、防火墙等方式进行间接访问。例如，来自政务外网的请求是经过连接在政务外网上的负载均衡服务器上的反向代理，转发到连接在政务外网区内网的应用服务器上的。政务外网应用服务器访问互联网区内网，需要经过防火墙设备。互联网区内网应用服务器上的服务在运行中可能要访问第三方在互联网上提供的服务，这时对互联网是访问关系，因为该应用服务器并非直接连接在互联网上，而是要经过网关才能访问。

表3-5　逻辑网络的定义

网 络 名	说 明
政务外网区内网	提供面向政务外网的服务所使用的内部网络
互联网区内网	提供面向互联网的服务所使用的内部网络
管理网	运维人员使用的管理网络
政务外网	现有的政府机构间互联的专有广域网
互联网	即 Internet

表3-6　网络连接关系的定义

运 行 环 境	管理网	政务外网区内网	政务外网	互联网区内网	互联网
政务外网负载均衡服务器	连接	连接	连接		
政务外网应用服务器	连接	连接		访问	
政务外网数据库服务器	连接	连接			
互联网负载均衡服务器	连接			连接	连接
互联网应用服务器	连接			连接	访问
互联网数据库服务器	连接			连接	

在网络关系上，架构师更多的是在逻辑层面进行考虑。若临近实施，则建议具体方案由网络专家、运维负责人、机房方面的人员共同考虑，这是因为采用哪些网络设备、物理网络如何构成、如何定义逻辑网络、如何设置访问策略，在很大程度上与客户机房情况有关，无法提前考虑。

设计网络架构最终是为了满足软件组件间通信的需求，在提供基本网络连通性的同时，需要保证必要的网络性能、网络可靠性和网络安全性，并控制成本。

- 网络性能方面：同一逻辑网络在实现上通常是同一个二层网络，这意味着该网络中的节点间可以无障碍通信，且任意两个节点间的通信不会影响其他节点间的通信，如果整个网络是千兆级别的连接，那么 A 与 B、C 与 D 可以同时以千兆级别的速度进行通信。不同逻辑网络间要实现通信，通常要经过路由转发甚至代理转发，这意味着转发节点将成为其中的瓶颈，因为转发节点的带宽是有限的，所有通过转发节点跨网络访问的流量将共享这个带宽，而不是像同一逻辑网络下那样可以点对点互不影响地通信（在设计网络性能时需要注意这一点）。对于不同的逻辑网络，要定义其连接速度，网络速度的规格也有较大的浮动范围，基本上是 1Gbit/s，向上有

10Gbit/s、25Gbit/s、50Gbit/s、100Gbit/s，架构师需要根据计算要求和成本约束选择适当的连接速度，最终会对应到网卡、网线、交换机等网络设备的不同规格。在涉及转发节点时，需要考虑共享该节点带宽的总体流量，避免出现瓶颈。

- 网络可靠性方面：如果采用单线路连接，则可能会由于网线松动、设备故障等原因，出现网络中断，因此对于可靠性要求较高的系统来说，通常会进行网络冗余设计，服务器网卡要具备两个或两个以上网口甚至是多块网卡的不同接口，设计网络连接多路径，以实现网络连接的冗余。
- 网络安全性方面：在后端通常基于防火墙、网闸来实现区域隔离，需要梳理出要跨区域通信的组件，定义黑白名单，向机房管理单位申请策略。在前端通常需要增加抗 DDoS、WAF 等网络安全设备，以应对来自外部网络的安全威胁。

此时再查看如图 3-7 所示的部署架构领域模型就会发现，其中的主要元素和关系都已经描述清楚。在构成系统的软件既定的情况下，系统运行状况主要与部署架构有关。为了做好部署架构，架构师需要具有丰富的基础设施和网络相关知识，需要对各种软硬件的高可用机制有所了解，需要对各种主流硬件的规格和价格比较了解。

3.2.4 非功能特性设计

非功能特性是架构师要解决的重点问题。功能主要是开发负责人带领开发人员完成的。在开发过程中，一般不需要架构师的参与。架构师的精力应当放在非功能特性方面。下面对可用性设计、性能设计、安全性设计进行详细讲解，其他方面进行简要讲解。

1. 可用性设计

首先，回顾非功能性需求中的可用性指标。然后，根据项目的预算，考虑可用性方面可以花费的比例。最后，确定要设计哪些方面的冗余。对于架构师来说，能够设计的就是各种软硬件冗余和切换机制，最终的可用性是根据全年实际宕机时间来计算的，而实际宕机时间在很大程度上与运维水平有关。如果发生的故障很快就能解决，那么可用性也不会太差。架构师的可用性设计只能确定理论上哪里发生了故障，此时会使用自动切换机制。但如果配置不当，自动切换机制在实际情况下可能并不会起作用。

除了可用性，还有可靠性。从宏观上来看，可用性和可靠性差不多，但其实际意义存在区别。可靠性指标一般是指 MTBF（平均无故障工作时间），指的是一个系统通常能够连续运行多长时间不出问题，其数值往往以小时或天来表示。可用性的数值以百分比来表示，用来考查时间范围内的无故障工作时间/所有时间。

进行冗余设计需要考虑以下几方面。

1）软件冗余

高可用的基本策略是软件组件多实例化，以便在某个实例出现问题时还有其他实例可提供服务。当某个实例不可用时，需要采用一些机制来保证客户端能够访问到其余可用的组件实例。

2）单机硬件冗余

服务器的某种硬件配件多实例化，以提高单机可用性。需要冗余的主要是磁盘、网卡。磁盘本身的故障率较高，而且其中存有数据，因此要重点保护。单机的磁盘冗余可以通过RAID来实现，RAID有多种级别，需要根据可靠性和性能需求来综合决定磁盘的种类、数量，以及磁盘组的RAID级别。由于各种影响因素，经常会出现网络不通的情况，因此需要在多个网口上设置不同的路径来实现冗余。网络的冗余需要服务器和网络设备的配合，在服务器端可以通过BOND或TEAM机制来实现，网络设备侧由网络工程师进行设置。

3）服务器冗余

同一软件组件的多个实例最终要分布在不同的物理服务器上，这样可用性才能得到保障。如果是在同一台机器上，一旦这台机器的硬件发生故障，组件的所有实例就会失效。如果使用虚拟机承载组件，那么要在虚拟化平台上设置策略，使不同实例的虚拟机分散在不同的宿主机上。如果使用的是容器，那么在容器平台上设置不同的实例策略，使不同的容器实例运行在不同的物理机上。

需要注意的是，在生产环境下，不能在虚拟机上运行容器集群，因为经过两层虚拟化，组件实例的分布会变得不可控，即使设置了分散策略，组件的多个实例也可能落在同一台物理机上，从而出现单点故障环节。图3-10所示为虚拟化平台与容器集群混用场景的示意图。对于虚拟化平台来说，容器集群的计算节点作为虚拟机都是对等的，无法设置分散策略。容器集群将虚拟机视为物理机，认为服务实例运行在不同的虚拟机上即可。但服务的多个实例对应的虚拟机可能会运行在同一台物理机上，导致某个服务的多个实例全部位于同一台物理机上。另外，容器也是一种虚拟化技术。容器比虚拟机更节省资源，如果将容器运行在虚拟机上，就违背了容器技术的初衷，不仅不会节省资源，反而更浪费资源，并且增加了基础设施架构的复杂性。

4）地点冗余

当系统特别重要，甚至很短的中断时间都不能容忍时，冗余范围需要进一步扩大，需要考虑地点的冗余，也就是常说的同城双活、异地多活、两地三中心等方案，这时投资预算也需要成倍增加。这也说明了地点作为系统架构元素的必要性。

5）冗余机制

当软件组件有多个实例，并且分布在不同的物理机上时，还需要一些机制来实现故障切换，常见的机制有以下几种。

（1）基于HA软件。

当某个服务的负载不高，单个实例即可满足性能需求时，可以采用主从策略。两台服务器分别部署服务实例和 HA 软件，申请 VIP。基于 HA 软件方式的正常状态如图 3-11 所示。平时 Node1 挂载 VIP，由服务实例 1 提供服务，Node2 上的服务实例 2 待机，两台机器上的 HA 软件通过心跳进行健康监视。

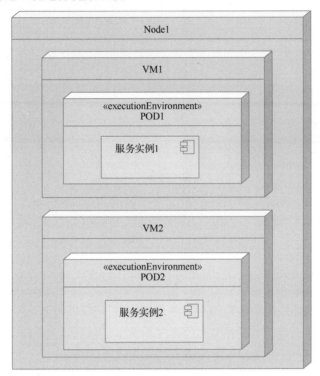

图 3-10　虚拟化平台与容器集群混用场景的示意图

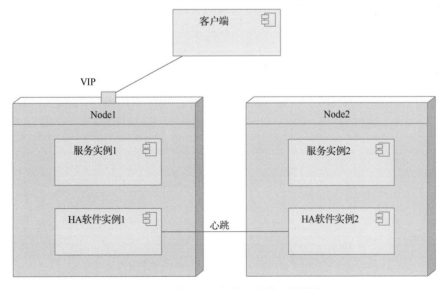

图 3-11　基于 HA 软件方式的正常状态

基于 HA 软件方式切换后的状态如图 3-12 所示。HA 软件实例 2 将 VIP 挂载到 Node2 上，启用服务实例 2 提供服务。

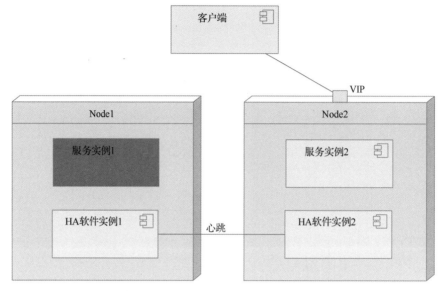

图 3-12　基于 HA 软件方式切换后的状态

采用这种方式的好处在于客户端与服务之间没有额外的环节，性能好，客户端只需要知道 VIP，不需要意识到多个服务实例的存在。但在每台机器上不仅需要安装 HA 软件，并进行一定的设置，同时还需要 VIP 资源。

（2）基于负载均衡器。

基于负载均衡器也可以实现高可用。负载均衡器后面可以配置多个服务实例，由负载均衡器进行反向代理。基于负载均衡器方式的正常状态如图 3-13 所示。

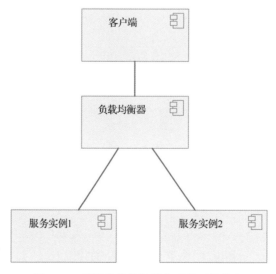

图 3-13　基于负载均衡器方式的正常状态

当服务实例 1 出现故障时，负载均衡器将不再转发请求到故障实例。基于负载均衡器方式切换后的状态如图 3-14 所示。

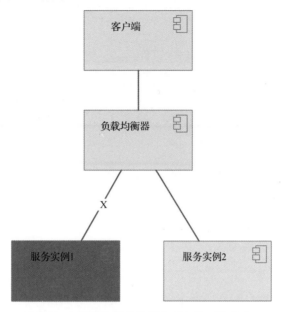

图 3-14　基于负载均衡器方式切换后的状态

采用这种方式的好处在于，各个节点上不需要安装 HA 软件，客户端只需要知道负载均衡器的地址。这种方式的问题在于，客户端与服务实例之间增加了负载均衡器，相应地增加了通信上的性能损耗，并且负载均衡器本身往往需要采用主从模式来保障可用性。

（3）基于 SDK。

基于 SDK 方式的正常状态如图 3-15 所示。这种方式类似于负载均衡器方式，但是用 SDK 取代了负载均衡器，相当于在客户端内置了轻量级负载均衡器。

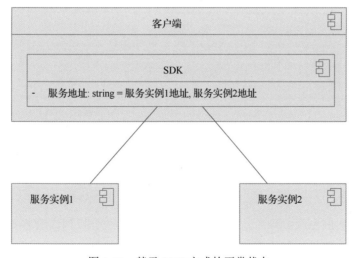

图 3-15　基于 SDK 方式的正常状态

基于 SDK 方式切换后的状态如图 3-16 所示。

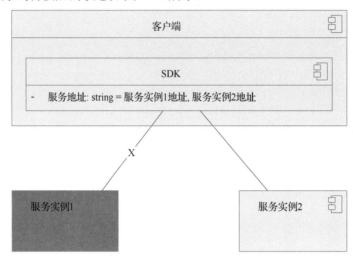

图 3-16　基于 SDK 方式切换后的状态

采用这种方式的好处在于，相比负载均衡器方式少了网络通信环节，性能更好。这种方式存在的问题是每个客户端需要意识到多个服务实例的存在，一般只适用于客户端也是后台组件的情况。

（4）基于服务注册中心。

微服务架构下各个服务的高可用方式是基于服务注册中心实现的。基于服务注册中心方式的正常状态如图 3-17 所示。各个服务实例启动后向注册中心注册，客户端查找后进行调用。

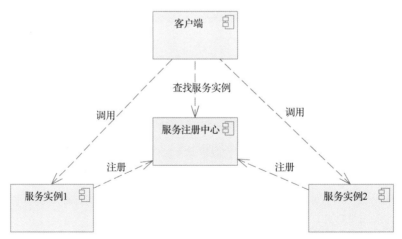

图 3-17　基于服务注册中心方式的正常状态

当某个服务实例出现故障后，客户端在注册中心无法查找到该服务实例，将访问其他可用的服务实例。基于服务注册中心方式切换后的状态如图 3-18 所示。

采用该方式的好处在于，实际调用时不经过注册中心，而是直接访问，性能好。问题在于，客户端需要有访问注册中心的逻辑实现。

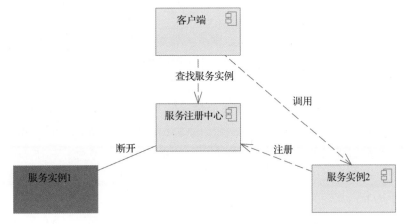

图 3-18　基于服务注册中心方式切换后的状态

　　以上是几种典型的高可用架构及故障切换机制，需要根据实际情况灵活采用。要想具有足够的冗余和完善的切换机制，需要精心设计、严谨配置，以及将可用性测试作为保障，否则在生产环境下某些机制可能无法如预期的那样起作用。

　　如果各种冗余机制正常发挥作用，那么某个组件的实例发生故障时会自愈。故障切换有时是无感的，如做了有冗余 RAID 级别的磁盘组；有时需要几秒钟的时间，如 Nginx 通过 Keepalived 进行切换；有时需要几分钟的时间，如数据库的主从切换。对于一个可用性要求为 99.9%的系统（全年允许宕机时间为 8 小时左右）来说，产生的影响几乎可以忽略不计。真正能对可用性产生较大影响的，其实是冗余机制并没有起作用，需要运维人员手动介入的情况。在发生故障后，好一点的情况是通过监控告警机制发现，差一点的情况是最终用户感知后投诉，由运维人员手动解决故障，这通常需要小时级别的处理时间。

　　在发生故障后，即使通过冗余机制发生了自动切换，运维人员也需要及时处理故障，否则故障范围有可能进一步扩大。因为这时有些组件的实例可能只剩一个，已经成为单点环节。这时的故障感知往往来自监控系统，在用户侧很可能是无感的。因此，监控告警的机制十分重要，必须对监控项的设置、告警的条件进行精心设计，以保证在发生问题时确实能够触发告警，通知运维人员及时解决问题。运维人员也需要按照工作规范进行日常巡检，及时发现问题。

　　以上介绍的是单个机房内基本的高可用机制，如果需要进一步提高可用性，范围还可能扩大到跨机房的机制，这不仅需要高速专线、专业数据同步软件、专业网络服务的支撑，还需要系统开发商、运维组织、机房、设备提供商等多方面共同设计（该话题较大、技术性较强，不在本书的讨论范围内）。

　　在可用性问题上，架构师的责任是设计冗余机制，从而在实例发生故障时能够自愈，缩短服务中断时间。对整个系统的可用性指标负较大责任的是运维人员，他们首先要通过设置的监控告警尽早发现问题，再以专业的能力、事先预备好的应急方案等迅速解决问题，从而缩短故障时间，降低可用性的损失。

2. 性能设计

在所有非功能特性中，架构师掌控力度最大的其实是性能。系统性能好不好，有八分取决于架构设计方面，两分取决于开发方面。影响性能的因素有很多，其中硬件配置与组件的匹配是最关键的因素，有的组件是 CPU 密集型的，那么它运行在一台 4 核虚拟机上，与运行在一台 64 核物理机上相比，在性能上会有很大的差距；有的组件对磁盘随机访问频率较高，使用的存储是 IOPS 为 100 多的机械硬盘还是 IOPS 为数万的固态硬盘，在性能上就会存在两三个数量级的差距。而在软件方面，影响性能的因素可能有技术选型、数据结构设计、算法、程序的处理逻辑等，这些因素加起来的影响，正常做法与优化做法之间可能存在百分之几十到几倍的差距。

为了做好性能设计，需要有完善的工作流程，主要步骤如下。

（1）回顾性能需求，明确响应时间、吞吐率、并发数、在线用户数等指标。

进行性能设计是为了满足性能需求，通过回顾这些关键指标，可以分析其中的风险，预估性能瓶颈所在，考虑性能设计的主要方向。

（2）与项目负责人沟通，了解基础设施方面的投入预算。

前面提及，系统性能更多取决于硬件配置，所以明确预算非常关键。架构师需要在价格方面十分敏感，对用多少钱能买到什么样的配置要心中有数。用较少的投入取得较高的性能才是架构师水平高的体现。

（3）评估可能的性能风险点。

与产品人员沟通，明确系统中访问频率较高的业务，以及单次访问涉及的计算量较大的业务，识别性能风险。访问频率高导致吞吐率要求高，计算量大对应响应时间长，这些都是导致性能不达标的影响因素，需要重点应对。

（4）性能指标分解。

基于物理架构将总体性能需求分解到组件，将总体性能指标转换为各个组件的性能指标。系统需求中的性能指标可以理解为是站在系统总入口处提出的，这是把系统当成一个黑盒。在有了架构设计之后，系统内部结构已明确，就是多个组件通过串联或并联形成的一个结构体。这时可以将总入口处的性能需求，按照架构设计中的结构分解到各个组件中。对于响应时间，按照调用链路进行纵向分解；对于吞吐率，按照串联或并联关系进行横向分解。

（5）针对各个组件的性能需求定义合理的硬件配置，完善部署架构。

将性能需求分解到组件后，需要根据各个组件的实际处理能力、实例数，确定其承载虚拟机或物理机的硬件配置和数量，定义确切的部署架构。

（6）针对基础软件、中间件等，定义优化配置。

考虑操作系统中的内核参数、各种最大值，各种中间件的内存分配、最大线程数等关键配置，定义优化的调整结果。

（7）针对应用程序，定义关键技术要求，以及运行期优化配置。

每个要开发的应用程序也是系统中的组件，前面已经将性能指标进行了分解，待开发组件也有性能指标，如果该指标相对于通常能达到的程度较高，则应事先考虑其实现机制和优化策略，而不是等到开发完成才进行优化。另外，要考虑程序运行的主要参数，包括内存初始大小、内存最大值、NUMA 绑定等，这些参数对应用程序的运行效果也具有较大的影响。

要完成较高质量的性能设计，架构师需要具备完善的知识体系和丰富的工作经验。下面以自问自答的方式，针对以上工作框架中的要点或读者可能存在疑惑的方面进行说明。

（1）性能需求如何分解？

性能需求一方面体现了单次请求处理的响应时间，另一方面体现了总体处理能力的吞吐率，两方面都需要分解。为了便于说明，下面先举一个简单的架构作为例子，如图 3-19 所示。

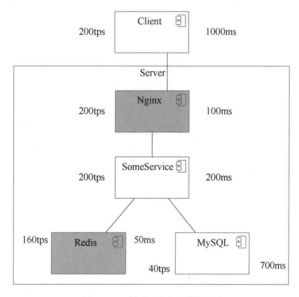

图 3-19　性能需求分解示例

对于单次请求来说，调用沿着架构中的组件结构，从入口开始一直向内，直到每条路径的末端。严格来说，如果要求总体响应时间达标，那么在所有可能的路径上都要达标。在这个例子中，可能的路径有两条，一条从左侧命中 Redis 缓存，另一条从右侧访问 MySQL 数据库。如果客户端的总体响应时间要求是 1000ms，那么考虑在消耗最大的路径上进行分解。在分解时，要考虑各个组件自身的特点，如 Nginx 就是做请求分发，自身不做什么计算，所以处理速度很快，自身的消耗并不大；业务服务 SomeService 要进行一定的业务逻辑处理，有一定的计算消耗，但不直接访问磁盘，因此总体处理速度也比较快；计算消耗最大的是数据库查询，它不仅需要访问磁盘，还要进行 JOIN 计算，总体消耗比较大。根据以上分析可知，为数据库分配的响应时间为 700ms，为 SomeService 分配的响应时间为 200ms，为 Nginx 分配的响应时间为 100ms。这样，如果每个组件在自身的处理上都能满足分解下来的响应时间指标，那么串联起来从理论上来看总体能够控制在 1000ms 以内（由于后端整体是局域网环境，此处忽略了网络传输的开销）。另一条路径上是本身处理速度非常快的缓存组件，可以按照它应有的能力进行定义，如 50ms。但实际上，如果右侧的主路径能够满足要求，那么这条路径肯定没有问题。

吞吐率大体上是沿着调用链路的主线向内传递的，在有分支的地方进行分解。如果总体要求是 200tps，那么 Nginx 处就是 200tps，SomeService 处也是 200tps，再往下如果有分支，就要考虑吞吐率的分配，而决定吞吐率分配到 Redis 和 MySQL 的比例的关键因素是缓存命中率，若缓存命中率能达到 80%，则 Redis 承担 160tps，MySQL 承担 40tps。

经过两方面的分解后，每个组件都有了响应时间指标和吞吐率指标。在后面的性能测试中，可以针对每个组件先单独测试，这样容易发现问题，待所有组件达标后再进行集成性能测试，这样总体会比较顺畅，有望尽快达到性能测试的总体目标。如果一开始就进行集成性能测试，那么可能需要消耗相当多的精力进行问题排查。

（2）组件的性能需求如何转换到硬件配置规格上？

每个组件的运行都要消耗一定的资源，这些资源体现在某台机器的 CPU、内存、磁盘 I/O、网络 I/O 上。CPU、内存的消耗取决于应用程序的处理逻辑，只有编写出程序后并且通过了测试才能确定，这方面无法事先设计。但是对于磁盘 I/O、网络 I/O，可以进行一定程度的前置考虑。一笔业务的完成通常需要对应若干数据类组件的读取和写入，最终体现为相关机器的磁盘的读/写。这里可以进行一定的换算。可以根据性能指标分解的结果，将数据访问类组件的指标转换为所在机器的磁盘的硬件性能指标。例如，在图 3-19 中，MySQL 的吞吐率指标是 40tps，先考虑一次数据库写入会导致多少次磁盘写入，实际数据行肯定是算一次的，此外可能还有索引更新、Binlog 记录及其他日志，至少是 3 次。那么数据库的磁盘 IOPS 指标就至少是 120。再考虑每次访问涉及的数据量，就要依据平均涉及的记录数及记录的大小。假设每次涉及 1000 条记录，每条记录为 1KB，那么每次读/写 1MB，40tps 就对应 40MB/s 的磁盘吞吐率。最终选择什么样的磁盘，可以参考各种磁盘的规格和价格。磁盘的吞吐率最终也会传到网络上，可以根据业务逻辑进行换算。网络的吞吐率通常以 bit/s 为单位，是根据 MB/s 的数值×8 计算的。作为服务端，连接通常都是千兆或万兆级别的，网络一般不会成为瓶颈，更需要注意的是外网的带宽。

（3）硬件配置的预算如何把握？

首先要对各种主流硬件的价格有一定的概念，要知道获取价格的渠道。部署架构主要解决的就是硬件与软件组件的匹配关系，确定硬件的规格和数量。在设计部署架构时，尽量通过调整配置来解决性能问题，而不是增加服务器数量。关键的性能瓶颈往往是通过配置解决的，如为数据库服务器配置充足的 CPU、大容量内存和高性能 SSD。现在硬件的价格已经比较透明，可以在大型购物网站上查询，不需要通过渠道报价，架构师在做决策时可以进行参考。

（4）有哪些对性能影响较大的主要参数？

- 操作系统层面：TCP 连接相关内核参数、最大打开文件数等。
- 中间件层面：内存大小、最大连接数等。
- 前端：是否启用压缩、客户端缓存、合理的图片尺寸等。

（5）应用程序的性能如何把握？

从大的方面来看，可以从以下几方面把握应用程序的性能。

- 技术选型：程序内的技术选型内容包括编程语言、通信框架、程序库和数据访问组件等。对于性能十分关键的程序，需要选择执行效率高的编程语言，即使它的开发效率比较低，如人工智能领域的一些核心算法引擎。通信框架的选择对于高并发服务程序来说至关重要，传统的 select 模型只能支持单机 10 000 个连接，而 epoll 模型可以支持 10 万个以上的连接。在并发处理上，一些语言的协程的处理效率比线程的处理效率要高出 1～2 个数量级。
- 运行参数：内存大小、NUMA 绑定等。
- 数据结构与算法：要想尽快完成复杂的计算任务，首先要有恰当的数据结构，然后有与之相对应的算法。数据结构与算法是由程序员的能力决定的，由于这时的职责已经转移到程序员身上，因此架构师主要的职责是要求开发负责人挑选能力足够的程序员来担任关键模块的开发任务，以强调模块的性能需求和实现策略。对于完成的代码，要适时展开评审。

3. 安全性设计

安全性设计主要针对安全性需求分析中的安全威胁，逐一考虑攻击防范策略。安全性设计通常分层考虑，主要分为网络层、主机层和应用层。

1）网络层

网络层的设计要基于部署架构中逻辑网络的划分来考虑。根据其中跨网络通信的需求，考虑采用何种安全设备，设置何种访问策略。跨内部网络的访问，可以通过防火墙来设置白名单策略，仅允许特定的来源访问特定的目标。由外向内的访问，可以在网络边界的反向代理上设置流量控制策略、基于 IP 地址的黑名单策略等，进行初步防护，经过过滤请求进来后由应用层进一步控制。网络层往往还要结合机房的情况综合考虑。要达到比较高的网络安全水平，往往需要很多种类的网络安全设备，如抗 DDoS、IDS 和 IPS。对于比较小的系统来说，很可能无法独自承担全套设备的成本，所以可以根据机房情况酌情采购相关服务。

2）主机层

主机层主要与运维有关，主要考虑谁能访问什么主机，执行什么操作，架构师通常不需要关心。

3）应用层

应用层安全的设计目的用一句话来概括就是只让预想的用户使用授权的功能、访问授权的数据。大中型项目通常不会自己开发这些功能，而是依托某个用户认证子系统，其来源可能是组织自研的可复用资产，或者采购第三方产品。关于高频使用的 CBB，市场上此类产品很多，架构师可以调研后择优选用，对于软件组织来说，可以优选几家厂商，纳入软件供应链。用户认证子系统通常具备以下功能模块，以实现对用户身份的识别和对权限的控制等。

- 用户管理。
- 角色管理。
- 组织机构管理。
- 权限管理。
- 认证管理。
- 审计管理。
- 应用管理。
- 认证服务。

具体什么用户能使用什么功能、访问什么数据，主要由产品人员考虑，由运维人员和运营人员实施。架构师的主要职责是选择用户认证子系统，确保其具有需要的功能和性能，能够非常方便地与本系统集成，能够兼容设计的运行环境，同时费用可控。对于后台的每个请求，都需要访问用户认证子系统，或者登录、验证 token 和鉴权。用户认证子系统需要有很高的性能，以免成为整个系统的性能瓶颈。建议用户认证子系统的数据库使用 SSD，或者有一些缓存机制的设计，综合吞吐率能达到数千 tps。

应用层还需要考虑对代码的保护，尤其是客户端、前端代码，很容易被反编译，被竞争对手用来快速仿制竞品，或者被黑客用来寻找系统漏洞进行攻击。架构师要充分识别风险，引入代码混淆工具来对客户端、前端代码进行必要的保护。对于后端应用的代码，如果是交付出去的，也可能会由于各种渠道被泄露，因此需要视情况考虑是否要进行混淆保护。

除了以上这些，应用层还有很多通用安全威胁，如 SQL 注入、XSS 攻击等，因此需要组织定义一些安全研发规范来实施，每个项目只需要依据安全研发规范进行开发和检查即可。

安全性设计其实比较琐碎，架构设计只能解决一部分安全性问题，还有一些安全性设计会体现在详细设计、数据库设计和程序设计中。架构师需要与安全专家、运维负责人、机房管理人员、产品设计人员和开发负责人进行多方面沟通协调，以确保系统安全。

4．兼容性设计

兼容性设计有两种策略：第一种是采用通用的技术，使一种技术能兼容多种环境；第二种是分别适配几种主流技术，在实施时根据环境通过配置来切换。首选第一种策略，如要考虑数据库兼容，产品初期采用的是 MySQL，客户可能用达梦、人大金仓等。如果采用 JPA，那么可以一劳永逸，只要预留配置，在实施时切换即可。如果采用 JDBC+SQL，那么要适配其他数据库很麻烦。

5．可扩展性设计

可扩展性设计主要针对可能存在扩展的方面，通过设计模式、插件等方案，预留容易扩展的机制，以便将来扩展时对现有代码的影响最小，最好是完全不修改代码，只调整配置。可扩展性与开发的关系比较大，架构师需要明确指出相关代码的实现机制，以免与开发团队交接时有所遗漏。

6．可伸缩性设计

所谓可伸缩性，指的是系统在软件不需要修改的情况下，通过硬件配置的调整来快速应对业务量的变化。

业务可能发展也可能萎缩，因此系统也需要进行扩容或缩容，以便使资源投入保持在适当的水平。伸缩包括容量伸缩和性能伸缩两方面。业务即使停滞或萎缩，积累的数据也会持续增长，导致系统的存储空间被逐渐占用。业务发展了，在容量上的消耗会更快。用户增加了，请求频率会增加。数据增长了，同样的处理会消耗更多的计算时间。

所有与业务量相关的容量、性能，都需要通过计算进行评估。

要解决容量伸缩问题，需要综合考虑硬件和软件两方面：首先是硬件上要容得下、扩得了，其次是数据组件能承载得了。例如，通常认为 MySQL 单表只能存放 1 亿条数据，超过以后即使磁盘还能容纳，性能也已经无法接受。

容量伸缩主要考虑有数据存储的组件，其存储是基于何种技术，最终落到什么样的磁盘中。在系统设计之初，应至少先按一年后的业务量进行评估。

容量的伸缩在硬件层面最终要落实在某个存储系统的扩容上。存储系统大致可分为 3 类：一是单机磁盘系统，可以通过 LVM 分区机制进行扩容，应用程序无感知，需要主机的管理员进行配置；二是集中式的磁盘阵列，通过自带的管理系统进行配置，使用方无感知，按需申请即可；三是分布式存储系统，由多台大容量存储型服务器组成，由分布式存储管理软件进行管理，使用方无感知，按需申请即可。

除了容量伸缩，还有性能伸缩，仅解决容量问题不一定能解决性能问题。在进行性能设计时，应该考虑将来性能的伸缩问题，预留好性能伸缩机制。性能伸缩主要是通过增加硬件配件或整机来解决的，不管采用哪种方式，从本质上来说都是增加 CPU、内存和磁盘这些配件。

　　如果计算能力不足，那么需要增加 CPU 和内存。如果组件在虚拟机上运行，那么可以直接调增 CPU 数量、内存容量，而不是另外新增部署组件实例的虚拟机，这样比较便利，并且不会提升架构的复杂度。但是调增虚拟机配件规格是有上限的，在达到上限以后，只能另外新增虚拟机。如果组件在物理机上运行，那么要看这台机器的剩余可扩展容量，是否还有 CPU 插槽，是否还有内存插槽，优先在这台机器内部扩容，在达到上限以后再考虑另外增加机器。一旦增加了机器，系统需要在某些环节相应地修改配置，如在负载均衡服务的配置中增加新服务节点的指向。

　　如果磁盘性能不足，问题就比较麻烦，磁盘中承载的数据不是像 CPU 中那样的一种可调度资源，不能随便增加实例，因为涉及数据一致性问题。直接更换为性能更高的磁盘当然可以解决问题，但这样操作动作会比较大，还涉及停机维护，有时并不可行。比较具有可行性的是通过软硬件结合的方式来解决，可以根据对磁盘产生访问压力的组件是什么来决定具体方案。一个典型的例子就是 MySQL 数据库的读/写分离模式，当单节点的 MySQL 所在节点的磁盘性能不足时，可以考虑增加若干从节点，从节点与主节点之间进行主从复制，在客户端采用某种机制使写入请求到达主节点，读取请求到达从节点。通过这样的调整，读取性能基本上可以线性伸缩，但写入性能是固定的。具体采取哪种方案还需要进行综合比较，一般来说，产生磁盘性能瓶颈的都是机械硬盘，其 IOPS 在 200 以内，通过增加机器将数据多实例化只能在几倍的范围内解决问题，如果实际访问压力是单机磁盘性能极限的 3 倍以上，那么将机械硬盘更换为高性能的 SSD 才是彻底解决问题之道。随着 SSD 的价格逐渐降低，有时直接使用 SSD 成本反而更低，这是因为虽然配件价格较高，但是机器数量减少了，总体成本可能更低。架构师需要对关键配件的价格有一定的敏感性，能够在多种方案间进行对比和取舍，找出最优方案。当差距不大时，优选架构简练的方案。如果数据量非常大，采用全 SSD 不现实，那么可以考虑采用数据冷热分层的机制，将冷数据放在低性能、大容量的机械硬盘上，将热数据放在高性能、小容量的 SSD 上。有的 RAID 可以将 SSD 作为机械硬盘的缓存来使用，有的专业的存储设备具备自动冷热分层的机制，架构师只要加以利用，就可以让应用层无感知地解决一定程度上的数据访问性能问题。

　　要解决可伸缩性问题，还需要对系统伸缩涉及的各种数据有概念，可以进行估算和规划。业务量应与数据容量、磁盘数量和规格，以及 CPU 数量、内存容量和磁盘性能对应；选用的机器当前有多少 CPU、多少内存、多少磁盘，能扩容到多少 CPU、多少内存、多少磁盘；系统当前的硬件成本是多少，扩容时需要新投入多少，缩容时需要减少到多少。业务量与机器数量和配置的对应关系，可以在性能测试环节进行评估。机器的配置情况可以通过厂商资料查询，也可以通过系统命令实时查看。架构师应做到对这些数据心中有数，能够根据监控系统、运营系统、业务规律和运营计划等信息把握何时伸缩、如何伸缩、需要投资多少。

　　还有一个问题就是伸缩时是否要停机维护。有些配件具有热插拔机制，可以不停机实时生效，如虚拟机的 CPU、内存、磁盘、网卡，物理机的 SAS 或 SATA 接口的磁盘。在水平扩容时, 由于是新增机器, 因此现有机器不需要停机, 只需要在相关组件中进行一定的配置。

7. 成本控制

整个系统的成本分为初期采购成本、研发成本和运营成本。

1) 初期采购成本

采购成本又分为硬件成本和软件成本。硬件与部署架构强关联, 将承载系统所有软件组件的运行, 既要保证性能、可用性, 又不能资源过剩。采购的软件主要是数据库、中间件和子系统等。在采购软件时需要进行横向对比, 从功能、技术、支持水平和价格等方面综合决策, 选取性价比较高的方案。

2) 研发成本

研发成本与功能多少、功能复杂度、技术选型等因素有关, 架构师主要影响技术选型, 需要根据研发团队的技能状况来考虑, 优先选择团队比较熟悉的技术, 但也要结合运行效果综合考虑。例如, 一个性能关键的组件的运行效率更重要, 这时可以考虑使用 C++ 来实现, 而不使用 Java。

3) 运营成本

在系统上线之后, 其长期成本主要取决于运营状况, 系统的运营需要占用机房资源、依赖第三方在线服务、购买外网带宽、购买 CDN 和购买安全服务等, 这些都是需要长期支出的费用。架构师可以根据系统运行情况考虑调整架构、在线服务的供应商等, 以节约成本。

3.2.5 技术选型定义

技术选型是架构工作中非常重要的环节。架构设计是组件驱动的, 逻辑架构确定后, 如果要转变成物理架构, 就需要对其中的每个组件进行选型。组件分为可复用组件和待开发组件。对于可复用组件, 要确定其具体的技术组件和版本; 对于待开发组件, 要确定其编程语言、开发框架、主要程序库。在已知类型的同类组件中进行选择时, 需要考虑功能性、稳定性、性能、可扩展性和价格等方面。在考虑开发组件的技术选型时, 需要考虑开发效率、运行效率和团队技能等方面。可以将最终选型的结果整理成一张表格, 如表 3-7 所示。

表 3-7 技术选型示例

分 类	项 目	技术选型	版 本	选型的理由
操作系统	所有服务器	openEuler	22.03	CentOS 较好的替代

续表

分　类	项　目	技术选型	版　本	选型的理由
数据库	关系数据库	MariaDB	11.0.2	MySQL 的主流定制版，高性能、高可靠性
	文档数据库	MongoDB	6.0.6	主流文档数据库
中间件	Web 容器	Tomcat	10.1.10	广泛使用的 Web 应用服务器
	缓存	Redis	7.0.11	主流高性能缓存
	消息队列	Pulsar	3.0.0	
开发语言	所有组件	Java	17.0.7	主流编程语言的主流版本
开发工具	所有组件	Eclipse	2023-06	主流 Java 项目开发工具
开发组件	所有工程	Spring	6.0.10	主流轻量级 Java 开发框架
	数据库访问	MyBatis	3.5.13	主流轻量级 ORM 框架，开发效率高
	REST 框架	Jersey	3.1.2	主流 REST 框架
	前端框架	Vue.js	3.3.4	主流前端框架

　　由于项目规模、组件类型不同，选型的工作量也有所不同。有的类型的组件可能很快就能确定下来，有的类型的组件需要通过综合比较相关资料才能确定，有的类型的组件需要通过安装评估才能确定，有的类型的组件需要通过深度试用才能确定，有的比较大的子系统甚至需要通过招标来确定。在进行横向比较时，架构师需要做到客观公正，避免以个人喜好、熟悉程度，甚至灰色利益作为判断依据。软件组织需要注意积累技术选型相关资产，建立技术选型知识库，避免重复调研。对于常用的商业 CBB，可以尝试建立长期合作关系，以获得更优的价格、更好的技术支持。

　　描述技术选型的结果比较容易，就是将逻辑架构中的抽象组件转换为具体的组件，如将 API 网关转换为 APISIX，将关系数据库转换为 openGauss。但有时这种决策并不是能够很快确定的，特别是在该领域的技术出现百花齐放的竞争局面时，如 API 网关在 CNCF 的全景图中有十几种。这时架构师要以科学严谨的态度对多种技术进行评估，描述对比过程，最终确定选型结果，这种选型过程和最终决策理由也需要作为架构设计的附件进行提交。在技术选型时，需要考虑的因素主要有功能特性、稳定性、性能、安全性、兼容性、可扩展性、许可协议、市场排名、发展前景、技术支持情况和价格体系等。最终应该有一个综合比较分析的表格，如果通过定性比较无法确定，可能还需要设计打分规则，最终通过评分来确定选型结果。表 3-8 所示为技术选型比较分析表示例。

表 3-8　技术选型比较分析表示例

方　面	项　目	POI	某国产 Office 组件
功能	Word 处理	支持	支持
	Excel 处理	支持	支持
	PPT 处理	支持	支持
	PDF 处理		支持

方　　面	项　　目	POI	某国产 Office 组件
开发语言	Java	支持	支持
	.NET		支持
	C 语言、C++		支持
	Python		支持
运行环境	Windows	支持	支持
	Linux	支持	支持
	macOS	支持	支持
	Android		支持
	iOS		
CPU 架构	x86_64	支持	支持
	AArch64		
	RISC-V		
非功能特性	性能	低	待评估
	资源占用	高	待评估
	稳定性		
	安全性		
组织情况	开发组织名称	Apache	某国产软件厂商
	开发组织国别	美国	中国
发展情况	初次发布时间	早于 2005 年 6 月	待评估
	当前版本	5.2.3	略
	当前版本发布时间	2022 年 9 月 16 日	2023 年 6 月 9 日
	技术支持水平	开源社区支持	好
授权及价格	授权方式	开源	商业
	许可类型	Apache License Version 2.0	
	价格体系	免费	基于开发者数量、发布地址数量，具体请查询官方网站

3.2.6　开发组件定义

对于所有组件中要开发的部分，需要定义的是它们的代码工程基本信息，如每个组件对应的文件名是什么、代码工程名是什么、由什么语言开发、是什么类型的代码工程、编译目标是什么架构、编译后的形态是什么，这些可以作为架构师与开发组长的交接内容。组件与代码工程可能并非一对一的关系，出于可复用、可维护等需求，有时一个大的可执行程序要分解为一个主工程和若干库工程。在这个环节中，架构师可以与开发组长协商，共同确定所有代码工程的构成。

在定义代码工程时需要注意的是命名。特别是在较大的项目中，可能有数十个代码工程，所以需要有命名规范来约束，包括统一的前缀、某些关键词的标准缩写等，最终使编译后的实际组件比较容易识别和区分。

表 3-9 所示为开发组件定义示例。

表 3-9　开发组件定义示例

物　理　名	文　件　名	代码工程名	代码工程类型	形　态	开发语言	运行环境
RobotManageWeb	robot-manage-web.war	robot-manage-web	Dynamic Web Project	Web 应用	Java	Tomcat
	robot-common.jar	robot-common	Java Project	类库	Java	Tomcat
xxx-portal	xxx-portal	xxx-portal	Static Web Project	文件集合	JavaScript	Browser
RobotMainAndroid	robot-main.apk	robot-main-android	Android Project	Android 应用	Java	Android
RobotMainiOS	robot-main.ipa	robot-main-ios	iOS Project	iOS 应用	C++	iOS
RobotMainPC	robot-main.exe	robot-main-pc	Windows 桌面应用	可执行程序	C#	Windows

3.2.7　部署组件定义

虽然已经有了部署架构图，但是当机器或组件的数量非常多时，在图中可能会出现遗漏，或者图很难绘制，修改一个地方就会导致整个布局需要重新调整。这里采用另外一种描述部署架构的方法，即组件部署表。组件部署表示例如表 3-10 所示。通过分门别类地列举所有组件、所有运行环境，并定义数量和对应关系，可以精确地描述部署关系。

表 3-10　组件部署表示例

分　类	组件物理名	客　户　机　房					客　户　端		
		负载均衡服务器	Web服务器	用户中心服务器	消息中心服务器	DB服务器	PC 端	安卓端	苹果端
		2 台	2 台	2 台	2 台	2 台	100 台	800 台	500 台
第三方可复用组件	Nginx	A	—	—	—	—	—	—	—
	Keepalived	A	—	—	—	—	—	—	—
	Server JRE	—	A	A	A	—	—	—	—
	Tomcat	—	A	—	—	—	—	—	—
	MariaDB	—	—	—	—	A	—	—	—
公司可复用组件	用户中心	—	—	A	A	—	—	—	—
	消息中心	—	—	A	—	A	—	—	—
开发的后端组件	xxx-manager	—	A	—	—	—	—	—	—
	xxx-service	—	A	—	—	—	—	—	—
开发的前端组件	xxx-web	A	—	—	—	—	—	—	—

续表

分 类	组件物理名	客 户 机 房					客 户 端		
		负载均衡 服务器	Web 服务器	用户中心 服务器	消息中心 服务器	DB 服务器	PC 端	安卓端	苹果端
		2 台	2 台	2 台	2 台	2 台	100 台	800 台	500 台
开发的客 户端组件	xxx.exe	—	—	—	—	—	A	—	—
	xxx.apk	—	—	—	—	—	—	A	—
	xxx.ipa	—	—	—	—	—	—	—	A

注:"A"表示在该类型服务器上全部部署,"—"表示不部署。

3.2.8 功能模块定义

1.6 节已经介绍了组件、功能和模块的关系。功能模块的领域模型如图 3-20 所示。在确定了架构中的组件划分、定义了各个组件对应的代码工程之后,可以基于需求中的用例推导出功能及相应的模块,并与代码工程关联,从而将功能性需求与架构相结合。

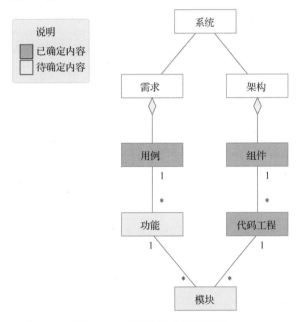

图 3-20 功能模块的领域模型

进行功能模块划分的总体推导逻辑如下:先根据系统用例推导系统功能,再根据架构设计分析每项功能由几个模块构成,并且分布于哪些组件对应的代码工程中。用例与功能形态的对应关系如表 3-11 所示。人要操作系统,可以通过命令行或图形界面,并与相应的后台服务联系;外部应用要使用系统,通常通过 API 及后台相应的服务;系统自身发起的用例通常对应任务。

表 3-11　用例与功能形态的对应关系

用例执行者	对应的功能形态
人	CUI（命令行用户界面）+ 后台服务
	GUI（图形用户界面）+ 后台服务
外部应用	API（应用程序接口）+ 后台服务
系统自身	JOB（任务）

表 3-12 所示为基于用例推导功能模块的示例。

表 3-12　基于用例推导功能模块的示例

用例执行者	用　例	功　能	功　能　模　块
管理员	添加用户	用户添加	• 用户添加命令。 • 用户编辑界面（添加模式）。 • 用户添加服务
管理员	修改用户	用户修改	• 用户修改命令。 • 用户编辑界面（修改模式）。 • 用户修改服务
外部应用	查询天气	天气查询	• 天气查询接口。 • 天气查询服务
系统自身	生成每日报表	每日报表生成	每日报表生成 JOB

之后是将所有功能模块与代码工程进行关联，得到完整的功能模块定义表，该表可用于开发工作量评估、开发任务分配。功能模块定义表如表 3-13 所示。

表 3-13　功能模块定义表

功能 分类	功能	模　块	功能形态	代码工程	Package （Directory）	Class（File）	Method
登录 注销	登录	登录页面	静态 Web 页面	xxx-web	/view	login.htm	
		登录接口	REST 服务	xxx-web	com.xxx.project.rest	UserResource	login
	注销	注销接口	REST 服务	xxx-web	com.xxx.project.rest	UserResource	logout
主页	主页	主页	静态 Web 页面	xxx-web	/view	main.htm	
	菜单	菜单查询接口	REST 服务	xxx-web	com.xxx.project.rest	MenuResource	search
用户 管理	用户 查询	用户列表（查询）页面	静态 Web 页面	xxx-web	/view/user	search.htm	
		用户查询接口	REST 服务	xxx-web	com.xxx.project.rest	UserResource	search
	用户 删除	用户删除接口	REST 服务	xxx-web	com.xxx.project.rest	UserResource	delete
	用户 详情	用户详情页面	静态 Web 页面	xxx-web	/view/user	detail.htm	
		用户详情接口	REST 服务	xxx-web	com.xxx.project.rest	UserResource	detail

续表

功能分类	功能	模　　块	功能形态	代码工程	Package（Directory）	Class（File）	Method
用户管理	用户新增	用户新增（修改）页面	静态 Web 页面	xxx-web	/view/user	modify.htm	
		用户新增接口	REST 服务	xxx-web	com.xxx.project.rest	UserResource	add
	用户修改	用户修改接口	REST 服务	xxx-web	com.xxx.project.rest	UserResource	modify

需要注意以下几点。

- 不要遗漏，功能模块定义表是评估开发工作量、制订开发计划的基础，遗漏内容将会导致工期延误。
- 命名要有规范，尤其是有很多代码的大型项目，前缀、后缀和常用词汇的缩写都需要有规范。
- 每个模块的粒度不宜过大，否则可能需要拆分。

3.3　架构设计小结

架构设计的头绪很多，讲清楚到底按照什么样的思路能够把整个系统架构考虑清楚，并且描述完整、规范和确切是本书的目标。

从总体上来看，本书提倡采用组件驱动的设计方式，因为整个系统在软件层面由若干组件构成。每个组件的生命周期按照时间先后顺序分为开发态、部署态和运行态。运行态是组件作为进程提供服务的最终状态，在这个状态下，讲清楚各个组件属于什么类型，叫什么名字，是复用的还是开发的（如果是复用的，那么它具体是什么；如果是开发的，那么先起名字，其他方面稍后再考虑）。再往前一个阶段就是部署态。软件的组件要想运行需要部署到基础设施中，以当前的技术来说，包括物理服务器、虚拟化环境和容器环境几种形式。部署架构能够作为运行态的基础，在考虑部署架构时，往往需要解决可用性、性能问题，并考虑系统的基础设施成本。再往前反推就是开发态，在这个状态下描述各个要开发的软件组件对应的是什么样的代码工程，采用何种开发技术，实现要点需要采用何种技术机制。至此，系统的总体架构被完整、规范、确切地描述出来。这套设计资料交给任何项目团队，如果能正确按照设计实现，那么不论是交付的代码，编译打包后的制品，还是部署在基础设施中的分布情况，抑或是最终运行起来的进程状态，都是一样的，这样这套设计体系也就达到了目标。不同团队做出来的结果，有差别之处就是代码工程的内部结构与实现，但该职责由开发人员负责。开发人员有权决定代码如何实现，架构师不能剥夺其发挥空间。如果软件组织在技术管理方面做得比较好，那么在代码工程框架、一些常用的库等方面会有一些积累，最终有差别的很可能仅仅是功能模块部分的实现，而这种实现细节上的差别并没有什么影响，只要组件作为黑盒能通过测试即可。编程质量有时并不是特别重要的，可工作、能满足需求的信息系统才是我们所追求的。最终判断系统能否交付，还是以在黑盒级别能够通过测试为准。

经典的架构设计方法包括 ABSD（基于架构的软件设计）和 4+1 视图模型。其实不同的架构设计方法总体上的差别不是太大，都以组件视角进行考虑，只不过 ABSD 和 4+1 视图模型在系统架构设计的工程边界、架构师的职责边界上有些把握不清，只列举了几种架构视图，没有讲清楚它们之间的关系；存在代码情结，总是不自觉地考虑代码构成、类设计等。在大中型项目中，架构师往往需要考虑几十个组件的技术选型，有些商业组件可能涉及数百万元甚至上千万元的采购预算，需要在多家供应商之间进行选择，这将耗费大量精力。因此，技术选型的重要性远大于实现几行"漂亮"的代码。架构师还要解决可用性、性能、安全性等大量的非功能特性问题，不可能有精力考虑代码实现。另外，架构师往往是具有 8 年以上工作经验的员工，而开发人员往往是有 1～8 年工作经验的级别相对较低的员工，让具有丰富工作经验的架构师开发代码可谓是大材小用。当然，这种分工也与软件组织的模型有关，在有的企业中，分工并不明确，一个项目的团队可能由很少的人员构成，架构师从需求分析一直做到编码实现，即便如此，架构师也需要把握工程边界，不要过早陷入代码之中，以免影响架构设计阶段的进度，导致各个工程阶段的产物边界不清楚。我们提倡的是理想的分工协作模式，明确划分工程阶段，各种角色的人才能够人尽其用，发挥自己应有的价值。架构师经常被问及的一个问题就是，架构师是否要编程？作者想说的是，首先要明确到底说的是哪种架构师。大中型项目的架构师的时间很宝贵，有很多重要的工作要做，绝对不要碰代码，应该把代码对应的组件作为一个黑盒来看待，将组件的功能特性交给测试人员把握，自己只负责非功能特性的把握。架构师的工作更多的是进行技术指导与检查。

下面对系统架构设计内容进行审视，如表 3-14 所示。关于人、软件、硬件、网络和地点 5 个要素的分解及其相互之间的关系，前面已进行了清晰的描述。除此之外，针对功能性需求定义了功能模块，针对非功能性需求进行了非功能特性设计。因此，架构设计已经充分完成。

表 3-14　系统架构设计内容审视

元　素	是否已描述	描述位置	描述方式
人	是	系统上下文	系统上下文图中体现了所有种类的系统用户
		非功能性需求	分析了各种用户的数量
软件	是	逻辑架构	逻辑架构图对软件构成进行了抽象的分解，将整个系统的软件分解为若干逻辑组件
		物理架构	物理架构图对软件构成进行了具体化
		技术选型定义	对复用的软件进行了具体化，精确到版本
		开发组件定义	对要开发的内容明确定义了代码工程构成

续表

元　素	是否已描述	描 述 位 置	描 述 方 式
硬件	是	部署架构	• 在组件部署图中定义了所有服务器的类型。 • 在服务器部署图中定义了所有服务器的数量。 • 在服务器硬件配置表中定义了各种硬件的规格
网络	是	部署架构	定义了逻辑网络划分
地点	是	系统上下文	说明了各个参与者的位置
人-软件	是	逻辑架构	体现了各种用户与抽象的软件组件的关系
		物理架构	体现了各种用户与具体的软件组件的关系
人-地点	是	逻辑架构	体现了各种用户位于什么地点
软件-软件	是	逻辑架构	• 逻辑架构图体现了软件组件间的静态关系。 • 系统流程体现了软件组件间的动态关系
		物理架构	物理架构图体现了具体的软件组件间的静态关系
软件-硬件	是	部署架构	组件部署图体现了软件组件与硬件的关系
		部署组件定义	对所有软件组件的部署进行了定义
硬件-网络	是	部署架构	部署架构的网络设计部分体现了服务器与网络的连接关系
软件-网络	是	部署架构	软件运行的硬件已经连接了网络，软件之间已经可以互通
硬件-地点	是	部署架构	部署架构图体现了各种硬件位于什么地点

第 4 章

架构设计对后续工程的指导

4.1　架构设计、概要设计与详细设计

　　架构设计是以组件视角对系统进行结构分解的。为什么架构设计要围绕组件展开呢？这是因为组件与技术有强关联性。在最终的运行态，组件是进程，而每个进程可以有自己独立的技术栈。一个通常的业务服务组件，需要的可能是常规的 Java、Spring 框架；一个支撑 10 万个长连接的组件，需要的可能是 C++、高性能异步 I/O 框架。组件间的通信也涉及技术，需要考虑用什么协议、什么格式。在考虑完每个组件的技术选型和组件间相互通信的机制后，整个系统在软件方面的技术上已经基本定型，未确定的只剩下一些开发中涉及的小程序库，这部分内容对整个系统的影响较小，可以由开发负责人决定。

　　下一步需要设计的都是偏功能的内容。首先是概要设计，要考虑功能性需求中的每个用例对应哪些功能，每项功能由几个模块构成，这些模块分布在哪些组件中，各个模块之间的接口是什么。然后是详细设计，描述每个模块的内部逻辑。模块根据面向谁使用可以分为 UI 型（面向人）、API 型（面向应用程序）和任务型（自主运行）。UI 型模块主要用于设计界面布局和事件响应逻辑，API 型模块主要用于设计接口和处理逻辑，任务型模块主要用于设计处理逻辑。另外，数据库设计往往需要到详细设计阶段才能确定下来。

4.2　架构设计与开发

架构设计与开发的联系主要在于技术选型定义、代码工程定义和功能模块定义。在开发阶段初期，开发负责人需要参考代码工程定义、技术选型定义及研发组织积累的技术资产来搭建各个代码工程的框架。开发人员可以根据功能模块定义找到自己负责的模块，并在相应的代码工程中编写代码。

在物理架构设计中的非功能特性部分，针对性能、安全性、兼容性、可伸缩性和容错性等方面会有一些技术机制的考虑，架构师需要向相关程序员讲解设计思路，要求程序员实现。

4.3　架构设计与测试

测试分为功能性测试和非功能性测试。功能性测试与架构无关，主要依据详细设计或需求进行。在非功能性测试中，做得比较多的是性能测试，但其实还有可用性测试和安全性测试。各种非功能性测试主要基于非功能性需求开展，包括制订测试计划、设计测试用例、实施测试和评估测试结果。这部分内容不同于常规的功能性测试，需要测试人员具有一定的专业性和相关经验。架构师需要向测试人员讲解非功能性需求，以便测试人员明确测试目标；架构师还需要向测试人员讲解非功能特性设计概要，以便测试人员合理地设计测试用例。针对测试人员的测试计划与方案，架构师需要进行评审。另外，架构师需要对测试结果进行确认。

架构师对整个系统的非功能特性负责，这种责任最终是通过相关测试来保证的，所以架构师要与测试团队紧密配合。下面介绍架构师对可用性测试、性能测试和安全性测试的把握要点。

1. 可用性测试

架构设计在可用性方面只能是设计各种冗余机制，以减少故障发生时的服务中断时间。

可用性测试应针对相应的故障场景来设计测试用例，包括针对软件组件的杀死进程，以及针对服务器的关机、拔网线，以检验各种预备的冗余机制是否能正常发挥作用。架构师需要在测试前确认测试用例是否覆盖了所有的高可用机制，在测试后检查测试结果是否通过。由于各种可用性机制基本上是通过对一些复用组件进行配置实现的，不涉及开发，因此可用性测试可以不在研测环境中实施，而是直接在生产环境中实施。另外，研测环境的配置通常与生产环境并不一致，即使在研测环境中测试过了，在生产环境中也要重新测试。因此，为了减少工作量，研测环境中的这部分测试可以省略。

2. 性能测试

性能测试是架构师要关注的重点。性能测试总体上较为复杂，架构师需要付出大量精力。性能测试团队需要首先理解性能需求中的各项指标，制订测试计划与方案。测试计划的主体内容包括测试环境、测试对象、测试目标、测试方法、测试工具和测试数据等。测试方案主要考虑测试用例和执行策略。架构师需要全程跟踪性能测试过程，把握其中的各个环节，防止出现偏差。性能测试检查要点如表 4-1 所示。

表 4-1　性能测试检查要点

检 查 方 面	检 查 内 容
测试环境	查看性能测试环境是否与生产环境一致，软硬件配置是否经过了必要的优化
测试对象	是单元测试还是结合测试，对应的指标是否正确
测试目标	是否基于性能需求定义
测试方法	是否能满足验证性能需求
测试数据	与预期的生产环境下的数据量是否匹配
测试用例	是否覆盖了高频访问业务、预期响应时间较长的业务
测试结果	数据是否合理、是否达标
监控数据	相关服务器资源利用率是否超标

在测试过程中，如果发现吞吐率不高，则可能是某些配置限制了请求的接收，或者在某处已经达到性能瓶颈，需要及时解决问题。如果测试结束后能获得类似于图 4-1 中的曲线，则说明测试已比较正常地完成，否则应排查问题，直到能得到合理的曲线。当发现瓶颈时，如果是配置问题，则应调整配置；如果是代码问题，则应驱动程序员修改代码。最终性能是否达标的判定，要匹配性能需求中定义的指标。如果是由于条件的限制，性能测试环境的硬件条件与生产环境有较大差距，导致测试结果不达标，那么要考虑换算的逻辑，说明以现在的结果在生产环境下可以达标的理由。

3. 安全性测试

安全性测试具有一定的专业性，往往需要由专门的安全性测试团队来实施，项目组可以基于架构设计分析出来的业务特定的安全威胁，与安全性测试团队进行沟通，设计测试方案。例如，考试报名系统在业务上面临的安全威胁主要有拒绝服务攻击、篡改他人报名结果，因此项目团队可以要求安全性测试团队尝试这两种攻击，确定系统能否承受。

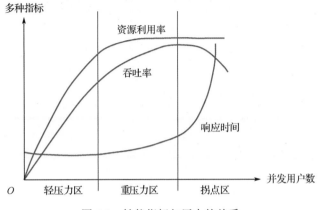

图 4-1 性能指标与压力的关系

4.4 架构设计与运维

架构设计与运维的关系比较密切。架构设计就是按照最终运行状态设计的。

在系统部署前，运维人员就要参考架构设计中的部署架构定义详细的部署方案。部署架构中描述的部署关系总体来说比较抽象，只描述了软件组件与硬件的映射关系，以及硬件部署的地点和网络连接关系。在实际部署时，需要根据机房的实际情况定义细化的部署方案，包括软件组件安装在什么目录下、机器如何命名、磁盘如何分区、为网络分配什么VLAN、为机器分配什么地址、部署在什么机柜中等。

在系统部署完成后，架构师应当检查部署结果，确定是否与部署架构相匹配，检查的内容包括硬件配置、软件安装与配置。

在系统初次启动后，架构师应当检查所有进程状态，确定是否与架构设计相匹配。

在系统运行一段时间后，可能需要扩容、伸缩性能，也可能面临安全威胁等，这时运维人员需要参考架构设计中描述的机制实施，具体的实施方案应该由运维人员和架构师讨论确定。

第 5 章

▶▶ 系统架构设计案例

　　本章通过列举几个实际项目的架构设计案例来展示如何应用前面介绍的方法描述系统架构。这几个案例基于实际项目的架构设计进行了简化和脱敏处理，其中不涉及客户名称、项目名称、采购的商业软硬件名称。

　　不同类型的项目各有特点，架构设计的侧重点亦有所不同。系统分类及设计要点如表 5-1 所示。本章分为 6 节，但只涉及 4 个项目，分别为小型技术平台项目、企业级信息系统、全国级网站系统和大型解决方案项目。

表 5-1　系统分类及设计要点

方　面	项　目	小型技术平台	企业级信息系统	大型解决方案	互联网站			
					市　级	省　级	全国级	世界级
业务特点	业务复杂度	低	中	高	低	中	高	高
	用户数量/个	≤100	≤50 万	≤5000 万	≤2000 万	≤1 亿	≤10 亿	≤30 亿
	用户地域	机房范围	企业范围	不确定	以市内为主	以省内为主	以国内为主	全球
	数据量	不确定	中	大	中	中	大	大

续表

方　面	项　目	小型技术平台	企业级信息系统	大型解决方案	互联网站			
					市　级	省　级	全国级	世界级
非功能性需求	可用性	高	高	高	高	高	高	高
	性能	不确定	中	中	中	中	高	高
	安全性	中	中	高	高	高	高	高
	可伸缩性	不确定	低	中	低	中	高	高
软件	技术复杂度	不确定	中	高	中	中	高	高
硬件	资源规模	不确定	中	中	小	中	大	大
网络	网络架构	简单	中等	中等	简单	中等	复杂	复杂
	带宽要求	不确定	低	中	低	中	高	高
设计要点		技术选型 技术机制 可用性 性能	业务流程 可用性	业务流程 技术选型 部署架构 网络架构 可用性 性能 安全性 可伸缩性	业务流程 技术选型 可用性 安全性	业务流程 技术选型 部署架构 可用性 性能 安全性	业务流程 技术选型 部署架构 网络架构 可用性 性能 安全性 可伸缩性	业务流程 技术选型 部署架构 网络架构 可用性 性能 安全性 可伸缩性

5.1　小型私有化对象存储系统

5.1.1　项目背景

某业务原本使用公有云上基于 Swift 的对象存储系统，由于公有云是多租户模式，且磁盘均为机械硬盘，性能较差，经常出现响应时间超时的情况，影响用户体验，因此业务方决定自建高性能私有化对象存储系统进行替换。本系统为小型技术平台项目，涉及软硬件结合设计、开源项目封装和高性能机制设计，对开发技术平台的架构师具有一定的参考意义。

5.1.2　业务理解

本系统是一个纯技术性平台，不涉及业务属性，因此不展开介绍这部分内容。

5.1.3 需求确认

1. 系统上下文

图 5-1 所示为私有化对象存储系统的系统上下文图，可以看出，该系统的周边关系较为简单，主要使用者是业务系统，由管理员进行管理和维护。

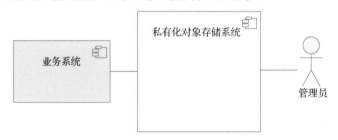

图 5-1　私有化对象存储系统的系统上下文图

参与者地点分析如表 5-2 所示。

表 5-2　参与者地点分析

元　　素	说　　明	地　　点
业务系统	系统的主要访问来源	任意机房
私有化对象存储系统	待建系统	业务系统所在地
管理员	通过虚拟专用网络进行管理	运维办公室

2. 系统用例

图 5-2 所示为私有化对象存储系统的系统用例图。该系统的系统用例比较简单明了，访问者只有业务系统和管理员。首先由管理员创建账号和容器，然后分配给业务系统使用。在后续维护过程中，管理员还可以查看容器信息和详情、删除容器、设置备份策略。业务系统在获取账号和容器后写入配置文件中，并在运行过程中通过接口访问。当访问系统时，需要先进行认证，认证通过后才可以执行各种文件操作。

3. 非功能性需求

1）可用性

由于业务系统强依赖私有化对象存储系统，该系统的可用性需要不低于业务系统的可用性，已知业务系统的可用性为 99.5%，因此该系统的可用性可定义为 99.9%。

2）性能

性能压力较大的是上传文件和下载文件，其速度与文件的大小有关。考虑到业务系统是通过局域网访问私有化对象存储系统的，存储容量以机械硬盘为主，因此按照网速、磁盘速度和文件大小来考虑性能指标。已知准备采用万兆级网络（传输速度为 1.25GB/s），单块机械硬盘的传输速度约为 200MB/s，单块 SATA 接口 SSD 硬盘的传输速度约为 500MB/s，平均文件大小是 180KB，从理论上来看平均响应时间应该为 0.9ms。考虑到这个值非常小，在并发压力大时会存在资源争用的情况，并且涉及的软件组件也有多个，会有一些延迟，因此将响应时间指标进行一定程度的放大，以免无法达成。定义的指标公式为响应时间=文件大小（单位为千字节）× 0.1。不同大小的文件对应的响应时间如表 5-3 所示。由于整个业务的特点，平均文件大小是 180KB，因此将最大测试文件规格定义为 256KB，在测试性能时就以这几档文件大小进行。人类的感知极限是 200ms，在 200ms 以内人类是感觉不到差别的，但是私有化对象存储系统的用户是业务系统，以 API 进行交互，因此需要越快越好。

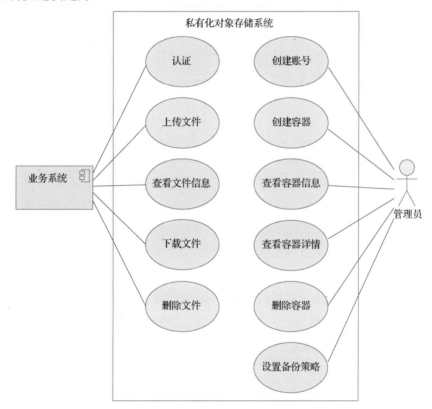

图 5-2　私有化对象存储系统的系统用例图

表 5-3　不同大小的文件对应的响应时间

文件大小/KB	响应时间/ms
16	1.6
32	3.2
64	6.4
128	12.8
256	25.6

由于业务系统是集中通过一个文件服务来访问的，因此采用文件服务的吞吐率指标，即 1000tps。

3）安全性

由于是在内网部署，安全风险不大，因此仅需要保证数据安全性，做到不丢失数据即可。

4）兼容性

由于业务系统原本使用的是公有云的 Swift，因此私有化对象存储系统需要兼容 Swift 接口，避免业务方进行改造。

5）可伸缩性

业务方现有数据为 23TB，一年后可能发展到 50TB，两年后可能发展到 100TB，因此私有化对象存储系统需要在容量和性能上做到可以通过增加硬件快速伸缩。

5.1.4　架构设计

1．总体思路

由于兼容性需求要求兼容 Swift 存储协议，因此总体方案应该是在 Swift 的基础上进行改造或封装。Swift 是用 Python 开发的，团队成员只熟悉 Java，因此主要考虑封装，不对 Swift 源码进行修改。改为私有化的主要目的是提高性能，现有数据为 23TB，其中 80%是容量小于 64KB 的小文件，提升性能主要是希望用高性能 SSD 来承载这些小文件，使 80% 的请求可以达到极高的性能，同时占用的空间不多，成本可控；其余大容量文件放在机械硬盘上，因为访问量相对较小，性能也不差，同时兼顾了存储成本。原生 Swift 的问题主要在于无法通过采用策略配置使不同大小的文件在上传时分配到不同的存储介质上，因此需要开发相关组件来实现这一目的。

2．逻辑架构

由于本系统是纯技术平台，并且很多元素都已确定，因此可以跳过逻辑架构直接设计物理架构。

3．物理架构

在绘制物理架构之前，需要先了解一下现状。旧系统架构如图 5-3 所示，由于全部使用机械硬盘，并且与其他租户共享，因此性能比较低。

新系统架构如图 5-4 所示。在硬件层增加了 SSD，用于提高性能。在原先的入口组件 proxy-server 之上，增加了待开发组件 swift-gateway，用于实现高性能策略。另外，考虑新增一个备份集群，以提高数据可靠性。

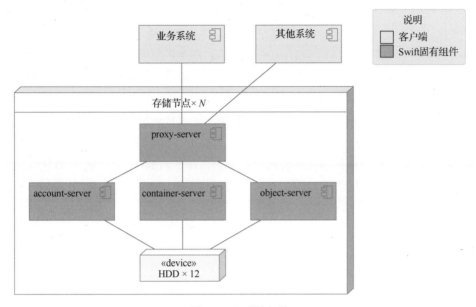

图 5-3　旧系统架构

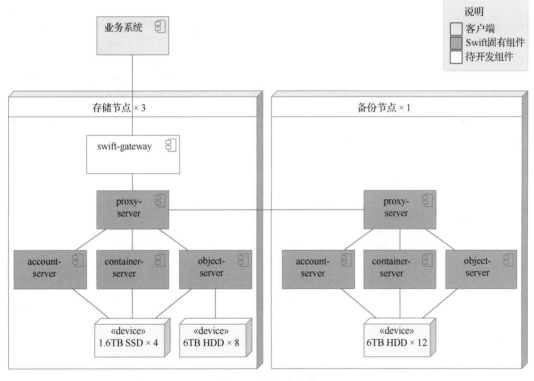

图 5-4　新系统架构

　　在这个系统中还需要补充一个存储架构，如图 5-5 所示。因为如何妥善使用 SSD 是实现高性能的关键机制，所以要深度结合 Swift 固有的存储机制。Swift 采用分布式存储，其中的Account、Container 和 Object 是分别存储的。首先要使用集群中的多块磁盘来构成一些所谓的环,为 account、container 和 object 分别指定环,其中 container 下可以设置多个 policy,同一 container 下不同的策略可以对应不同的 object 环。根据这个概念,可以采用如下设计:account、container 存储的相当于元数据,容量不大,需要高性能访问,因此分配 SSD;object 对应实际的文件,可以设计大、小两个环,以 64KB 为分界点,分别对应 HDD 和 SSD;每台机器挂载 4 块容量为 1.6TB 的 SSD 和 8 块容量为 6TB 的 HDD,共 3 台机器。此外,还设计了一个备份集群,初期只有 1 台机器,12 块容量为 6TB 的磁盘作为 RAID6,在系统中体现为 1 块容量为 60TB 的磁盘,总体做一个副本的备份。由于性能要求不高,因此所有环都基于这块磁盘构建。这个存储架构其实讲的是概念,将 Swift 存储中的几个概念与磁盘、机器进行关联,总体上与领域模型类似,是为了说明整个集群内的各种信息是如何存储的。

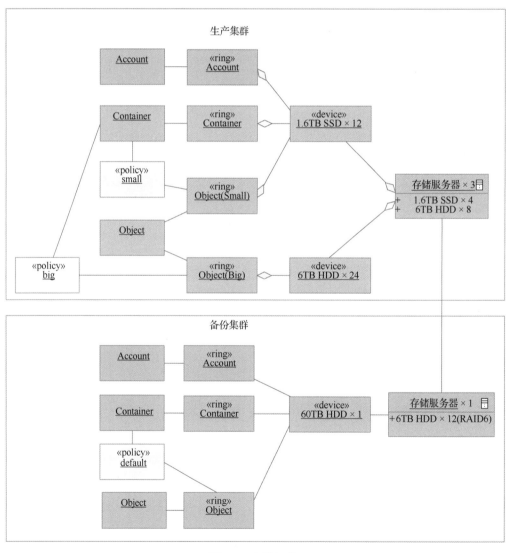

图 5-5 存储架构

由于省略了逻辑架构,因此在这里介绍系统流程。此处按照所有的系统用例展开,用顺序图描述每个系统用例是如何通过各个组件的协作来完成的。

1）管理员创建账号

系统上线后，在最开始，管理员要为业务系统创建账号。管理员创建账号的流程如图 5-6 所示。该操作只是透明转发请求，其实直接操作 proxy-server 也可以。但是为了统一管理员操作入口，建议还是针对 swift-gateway 进行操作。

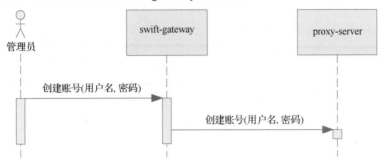

图 5-6 管理员创建账号的流程

2）管理员创建容器

考虑到业务系统使用的容器较为固定，因此规定容器均由管理员维护，业务系统只能在已有的容器中对文件进行操作。管理员创建容器的流程如图 5-7 所示。由于存储上分大、小策略，因此对于业务系统的每个容器，实际上会创建两个容器，同名的为默认的大文件容器（对应 HDD），还会创建一个添加了后缀.small 的小文件容器（对应 SSD）。业务系统不需要意识到存在两个容器，在访问文件时只使用自己知道的容器名即可。

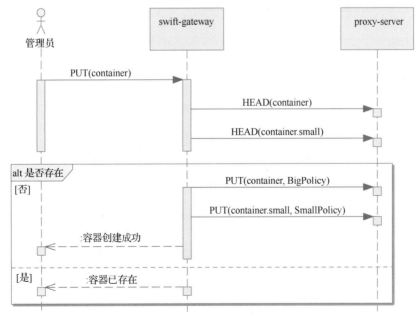

图 5-7 管理员创建容器的流程

3）管理员查看容器信息

管理员在创建容器后可能会查看容器信息。管理员查看容器信息的流程如图5-8所示。这时要对实际存在的两个容器分别获取信息，并且在合并后返回。在后续的运维过程中可能会经常查看容器信息，了解其中的文件数量、空间占用情况。

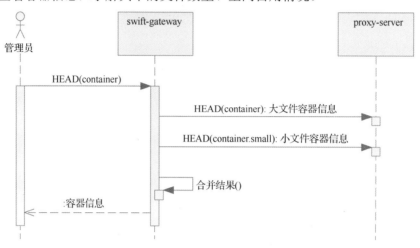

图 5-8　管理员查看容器信息的流程

4）管理员查看容器详情

这个流程与查看容器信息的流程类似，但是获取的信息量较大，多出了容器中对象的信息。管理员查看容器详情的流程如图5-9所示。

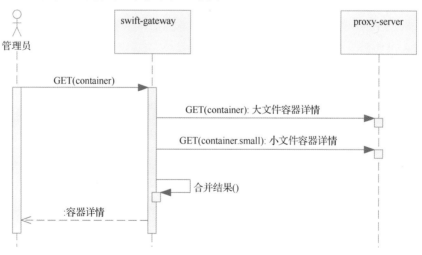

图 5-9　管理员查看容器详情的流程

5）管理员删除容器

管理员删除容器的流程如图5-10所示。当业务不再使用某容器时，为了释放空间，需要对其中的内容进行删除，文件删除完毕才能删除整个容器。这个操作需要谨慎，由管理员直接操作原生的 proxy-server。

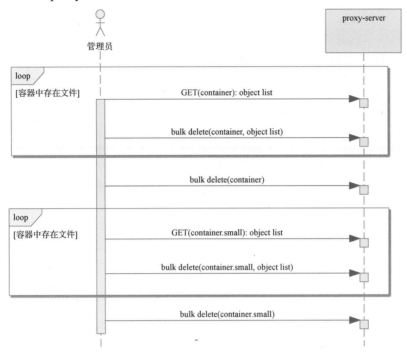

图 5-10　管理员删除容器的流程

6）管理员设置备份策略

管理员设置备份策略的流程如图 5-11 所示。备份策略利用了 Swift 固有的 Container to Container Synchronization 机制，先由管理员在备份集群上创建好同名的容器，再对生产集群设置同步策略，之后 Swift 生产集群会自动以容器到容器的方式执行同步。

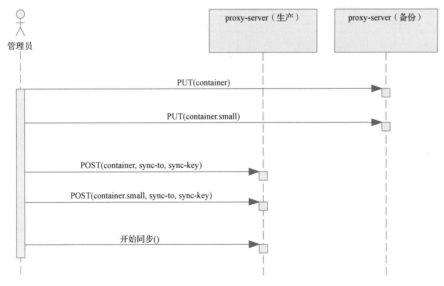

图 5-11　管理员设置备份策略的流程

7）业务系统认证

业务系统使用管理员创建的账号进行登录认证，具体流程如图 5-12 所示。业务系统在执行任何操作前都需要认证，获取一个 token，后续处理需要携带这个 token。

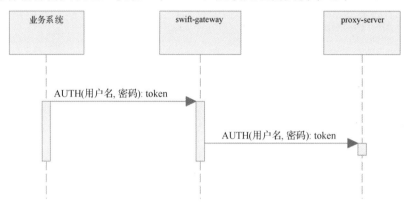

图 5-12　业务系统认证的流程

8）业务系统上传文件

业务系统上传文件的流程如图 5-13 所示。此处是实现高性能最关键的机制，swift-gateway 组件在处理上传请求时首先判断文件大小，如果大于 65 536 字节，则上传到机械硬盘对应的大文件容器中，如果小于或等于 65 536 字节，则上传到 SSD 对应的小文件容器中。

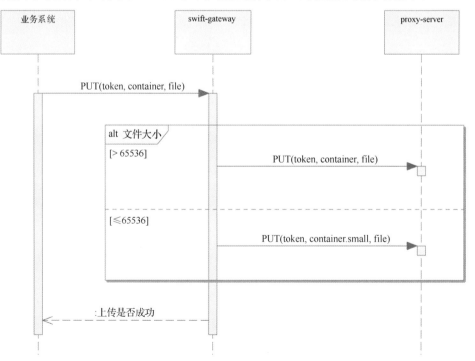

图 5-13　业务系统上传文件的流程

9）业务系统查看文件信息

业务系统查看文件信息的流程如图 5-14 所示。由于实际上存在两个容器，系统并没有额外存储文件存放于哪个容器的信息，因此需要尝试，先访问小文件容器，如果存在则直接返回文件信息，如果不存在则访问大文件容器，如果都不存在则返回错误信息。此处体现了简化架构复杂度的设计，通过增加一次对高性能硬件的访问，避免引入数据库这样重量级的组件来存储文件位置信息，使架构简练，降低运维复杂度和系统可用性风险。

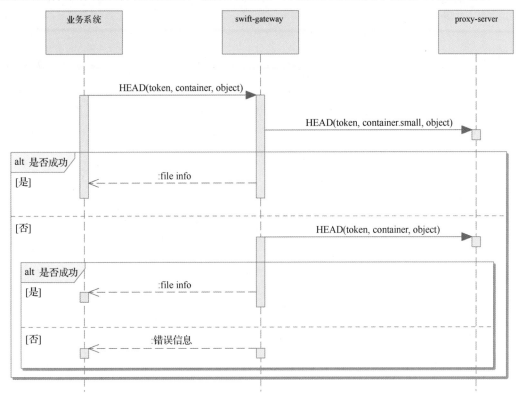

图 5-14　业务系统查看文件信息的流程

10）业务系统下载文件

下载文件的流程与查看文件信息的流程类似。业务系统下载文件的流程如图 5-15 所示。

11）业务系统删除文件

业务系统删除文件的流程如图 5-16 所示。删除文件也需要尝试，先在小文件容器中删除，如果不存在则到大文件容器中删除，如果都不存在则返回失败信息。

通过以上流程，可以覆盖所有系统用例，描述了各个系统用例在设想的架构下如何通过各个组件的协作来实现。顺序图中出现的对象都是架构中的组件，体现的是组件级别的交互过程。很多流程到了 proxy-server 就结束了，这是因为 proxy-server 是 Swift 的入口，在请求到达 proxy-server 之后，就是 Swift 内部的事情，架构师不需要关心。

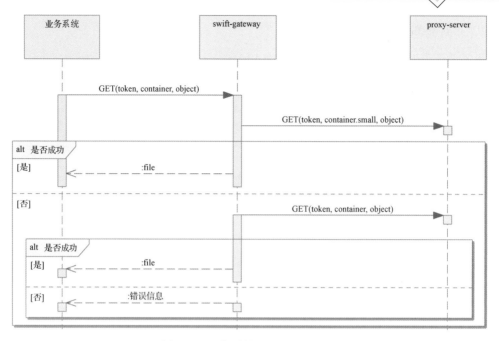

图 5-15　业务系统下载文件的流程

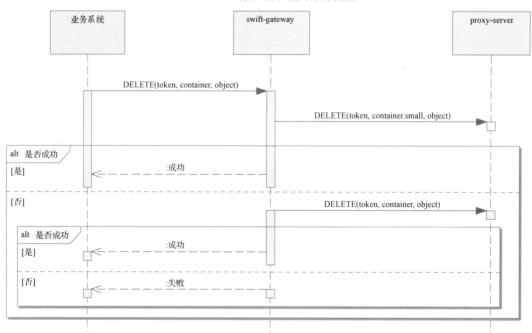

图 5-16　业务系统删除文件的流程

4.部署架构

本系统只涉及一个部署地点,由于组件与机器具有强关联关系,在物理架构中已经按照机器进行布局,因此物理架构图基本上等同于组件部署图。这里只需要绘制纯服务器的部署图,如图 5-17 所示。

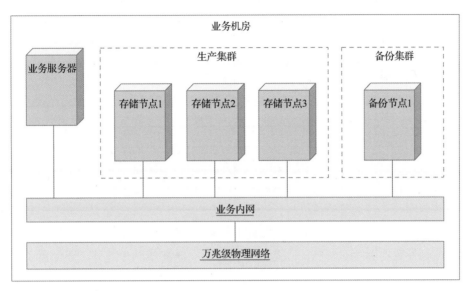

图 5-17 纯服务器的部署图

对于所有的服务器，硬件配置如表 5-4 所示。

表 5-4 硬件配置

服 务 器		存 储 节 点	备 份 节 点
CPU	主频/GHz	2.1	2.1
	数量/个	2	2
	核数	8	8
内存	规格	DDR4	DDR4
	频率/MHz	2400	2400
	单条容量/GB	16	16
	数量/条	4	4
	总容量/GB	64	64
网卡 1	速度/（Gbit/s）	1	1
	数量/块	4	4
网卡 2	速度/（Gbit/s）	10	10
	数量/块	2	2
磁盘组 1	类型	10 000r/min HDD	10 000r/min HDD
	容量/GB	600	600
	数量/个	2	2
	RAID	1	1
	总容量/GB	600	600
磁盘组 2	类型	SSD	7200r/min
	容量/TB	1.6	6

服 务 器		存 储 节 点	备 份 节 点
磁盘组 2	数量/个	4	12
	RAID	无	6
	总容量/TB	6.4	60
磁盘组 3	类型	7200r/min HDD	
	容量/TB	6	
	数量/个	8	
	RAID	无	
	总容量/TB	48	

由于存储服务器以磁盘访问为主，消耗的计算资源不多，因此 CPU 和内存的配置比较一般。整机对外数据吞吐率较高，因此在板载的 4 个千兆级网口之外，还配置了双网口万兆级网卡作为数据通道。在磁盘方面，系统盘为常规的 RAID1 镜像配置；存储节点采用 4 块 SSD 及 8 块 HDD 存储数据，不做 RAID，数据可靠性基于 Swift 的多个副本策略实现，实际存储 2 个副本；备份节点采用 12 块 HDD 和 RAID6 配置（10+2），系统中体现为 1 块逻辑盘，存储 1 个副本，数据可靠性基于硬件 RAID 进行保障。

5. 非功能特性设计

1）可用性

生产集群采用三节点模式和全对称架构，存储 2 个副本，可容忍 1 台机器故障。
备份节点存储 1 个副本，全局共 3 个副本。
在机器内部，系统盘采用 2 块磁盘构成 RAID1，可容忍 1 块磁盘出现故障。
在 12 块 SSD 构成的小文件环及 24 块 HDD 构成的大文件环中，都只容忍 1 块磁盘出现故障。当出现故障时，Swift 会自动将副本补充到其他磁盘上，但管理员最好尽快处理故障，以降低丢失数据的风险。

2）性能

高性能设计已经体现在上面的部署架构和系统流程中，核心策略是将数量占 80% 以上的小文件存储在 SSD 中，并通过 swift-gateway 组件进行分流。预期小文件访问的吞吐率可达到 6000 个/秒以上，大文件在 1000 个/秒以上的程度（业务系统的平均文件大小为 180KB，大文件也不是太大）。

3）安全性

内部子系统仅对业务系统开放访问，安全性要求不高。业务系统的访问账号由管理员创建并分配给业务系统使用。

4）兼容性

私有化对象存储系统要求兼容 Swift 存储协议，增加的入口组件 swift-gateway 对业务系统透明，对所有请求进行透明转发或加工后转发。在业务系统看来，私有化对象存储系统与访问原生 Swift 集群没有区别。

5）可伸缩性

业务方现有数据为 23TB，系统初始磁盘容量为 $1.6 \times 12 + 6 \times 24 = 163.2$（TB），考虑在占用 80% 空间的情况下存储 2 个副本，实际可存储约 65TB 的数据，不论是生产集群还是备份集群，均可满足一年后 50TB 的需求。将来扩容时，可基于 Swift 固有的扩容机制实施，生产集群和备份集群同时扩容。分布式存储在扩容时，不仅容量会增加，性能还会提高。

5.1.5 技术选型定义

私有化对象存储系统技术选型定义如表 5-5 所示。

表 5-5 私有化对象存储系统技术选型定义

分　类	项　　目	技　术　选　型
操作系统	所有服务器	CentOS 7.3 64 位
中间件	分布式文件服务	Swift 2.13.1
	集群管理	Keepalived 1.3.6
开发语言	所有组件	Java 1.8
开发工具	所有组件	Eclipse 最新版
开发组件	Swift Client	jclouds 2.0.2
	服务程序框架	Netty 4.1.14

5.1.6 开发组件定义

私有化对象存储系统开发组件定义如表 5-6 所示。

表 5-6 私有化对象存储系统开发组件定义

分　类	项　　目
组件名称	swift-gateway
文件名	swift-gateway（目录）
形态	可执行 JAR 包
开发语言	Java
运行环境	Linux
代码工程名	swift-gateway
代码工程类型	Java Project

5.1.7 部署组件定义

私有化对象存储系统部署组件定义如表 5-7 所示。此处与部署架构图表达的意思是一样的。私有化对象存储系统的部署架构较为简单，组件数量和机器数量都不多，在部署架构图中已经完全体现，其实也可以省略。

表 5-7 私有化对象存储系统部署组件定义

组件分类	组件物理名	业务现有机房	
		存储节点	备份节点
		3 个	1 个
第三方组件	Proxy Server	A	A
	Account Server	A	A
	Container Server	A	A
	Object Server	A	A
开发的组件	swift-gateway	A	—

注："A"代表在该节点上全部部署，"—"代表不部署。

5.1.8 功能模块定义

最后需要从各个系统处理顺序图中提取出各种操作，汇总整理成要开发的功能模块并命名，以作为向开发团队交接的内容。私有化对象存储系统功能模块定义如表 5-8 所示。

表 5-8 私有化对象存储系统功能模块定义

功能	模块	功能形态	代码工程	包	类	方法
认证	认证	REST 服务	swift-gateway	com.xxx.project.rest	User	auth
容器操作	容器创建	REST 服务	swift-gateway	com.xxx.project.rest	Container	put
	容器信息查看	REST 服务	swift-gateway	com.xxx.project.rest	Container	head
	容器查看	REST 服务	swift-gateway	com.xxx.project.rest	Container	get
	容器删除	REST 服务	swift-gateway	com.xxx.project.rest	Container	delete
文件操作	文件上传	REST 服务	swift-gateway	com.xxx.project.rest	File	put
	文件信息查看	REST 服务	swift-gateway	com.xxx.project.rest	File	head
	文件下载	REST 服务	swift-gateway	com.xxx.project.rest	File	get
	文件删除	REST 服务	swift-gateway	com.xxx.project.rest	File	delete

5.1.9 案例小结

私有化对象存储系统是一个小型技术平台，作为业务系统的子系统使用。本系统虽然总体上较为简单，但是完整地体现了从需求到架构的思路和过程，作为案例在逻辑上是非常清晰的。在本系统的需求中，一共有 10 个系统用例，5 项非功能性需求，在架构设计中全部得到了体现。架构设计首先针对关键的非功能性需求——性能（原先的系统性能差是本系统立项的主要理由），考虑了总体设计思路，即以 SSD 来承载 80% 以上数量的小文件，又基于非功能性需求中的兼容性需求，选择基于原生 Swift 进行封装的策略。在此基础上，设计了系统架构，确定在入口处增加 swift-gateway 组件来实现大文件和小文件的分流。在组件划分的基础上，对 10 个系统用例定义了相应的处理流程，确定了每个系统用例如何通过组件间的协作来实现。最后对于 5 项非功能性需求分别考虑了实现策略，从而完整地满足系统需求。

本案例体现了如何结合开源软件来进行系统设计，最好的策略是不修改源码，直接通过插件、封装等手段来实现需求，这样将来还可以非常方便地引进该开源软件的新版本。

本案例体现了高性能设计的核心手段，即针对软件组件的性能需要，选择性能足够的硬件进行支撑，这才是正面解决性能问题的关键。

本案例体现了成本控制的考虑。如果不计成本，完全可以采用全 SSD 加原生 Swift 方案，不用任何开发。但在当时，容量为 1.6TB 的 SSD 的价格约为 8000 元，容量为 6TB 的 HDD 的价格约为 1500 元。如果全部采用 SSD，需要 102 块磁盘，每台机器最多可以安装 24 块 SSD，这样生产集群就至少需要 5 台机器，磁盘的成本就要在 80 万元以上，还要多花 2 台机器的钱。混合方案下的磁盘成本为 13 万元左右。作为一个子系统，项目的预算有限，因此必须重视成本。成本其实包括硬件成本和开发成本，虽然多开发了一个组件，但工作量并不大，研发加测试一起才 3 个人月左右，相比全 SSD 方案，总体投入节省了很多。再考虑到将来扩容的因素，混合方案的成本总体上是最低的。架构师要注意技术与市场的发展变化，酌情选择合适的技术方案。现在 SSD 的价格越来越低，以当前的市场行情来看，容量为 7.68TB 的 SSD 的价格为 3800 元左右，容量为 8TB 的机械硬盘的价格为 1400 元左右，在容量相同的情况下 SSD 的价格不到机械硬盘的 3 倍。在这种情况下，一套容量为几十太字节的追求高性能的存储系统，全部采用 SSD 也不是不能考虑。

本系统的设计还体现了一些过程裁剪的考虑，如本系统没有业务属性，因此裁剪了业务理解部分的内容。本系统较快地确定了基于 Swift 进行封装的策略，只需要开发一个组件，因此省略了逻辑架构设计环节。物理架构图中已经按照机器布局，基本上等同于组件部署图，因此组件部署图也可以省略。

5.2 产品型机器人服务系统

5.2.1 项目背景

某机器人厂商研发了一款机器人，该款机器人具有轮式底盘，可以移动，具有麦克风、音箱、屏幕和读卡器等设备，具有语音交互、屏幕交互和读取身份证的功能。现在需要基于这款机器人开发一套服务系统，面向各种向公众提供业务办理服务的组织（如社区服务中心、商场等）实施整套解决方案，使这些组织原本需要人工办理的业务可以通过机器人来实现，以提高组织的办事效率、降低人工成本、提升组织形象。

5.2.2　业务理解

1．领域模型

机器人服务系统的领域模型如图 5-18 所示。

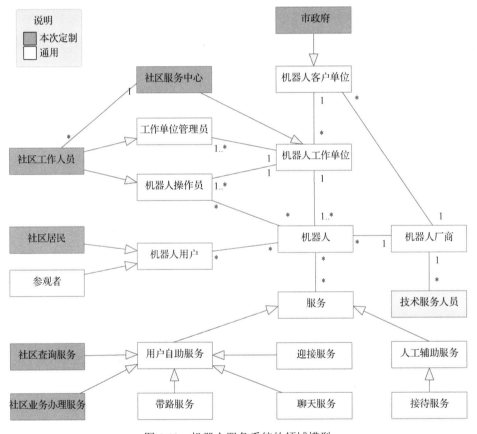

图 5-18　机器人服务系统的领域模型

在这项业务中，核心的物是机器人，核心的事是机器人提供的服务。对于服务，可以进行抽象，机器人自主完成的服务称为用户自助服务，管理员通过后台系统控制完成的服务称为人工辅助服务。机器人系统是由客户购买，部署于某处进行使用的，采购单位和使用单位可能不一样，所以用机器人客户单位和机器人工作单位进行区分。在每台机器人工作的单位需要有管理员和操作员，他们分别负责机器人的配置和具体操作。这里有一个标准产品和定制化的问题，整套机器人服务系统是要面向任意行业的客户的。在本项目中，机器人面向政府客户，部署于社区服务中心，向社区居民提供服务。

2．业务对象分析

在业务对象分析中，需要将系统相关的所有人和系统识别出来，按组织归类。首先考虑机器人工作单位，其中有机器人和预想用来控制机器人的 App，以及负责管理和使用机器人的工作人员，在通用产品中的命名是工作单位管理员和机器人操作员。在本项目中，具体是社区工作人员。业务执行者是来社区服务中心办事的人，预想是社区居民。客户单位是采购机器人系统的单位，会部署一套机器人管理系统，并且有相应的管理员。在本项目中，需要对接已有的社管办事系统，以实现用户通过机器人办事。机器人厂商需要有一套中心化的管理系统，还要有中心管理员、中心运营人员和系统实施人员。机器人服务系统的业务对象如图 5-19 所示。

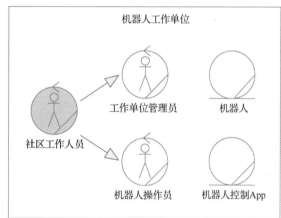

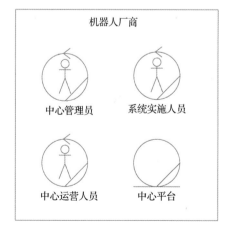

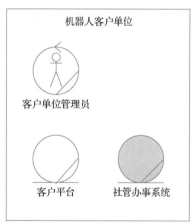

图 5-19　机器人服务系统的业务对象

3．业务用例

机器人服务系统的业务用例如图 5-20 所示，其中灰色部分为定制内容。

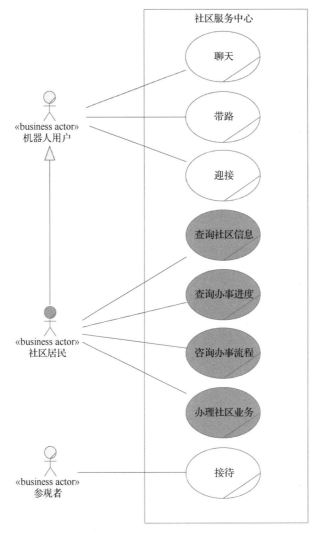

图 5-20　机器人服务系统的业务用例

4．业务流程

1）管理中心配置

管理中心配置流程如图 5-21 所示。该流程为系统刚上线时由业务人员在后台操作，未体现在业务用例中。

2）客户单位系统配置

客户单位系统配置流程如图 5-22 所示。

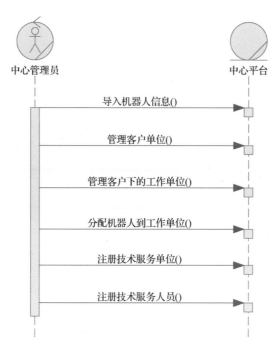

图 5-21 管理中心配置流程

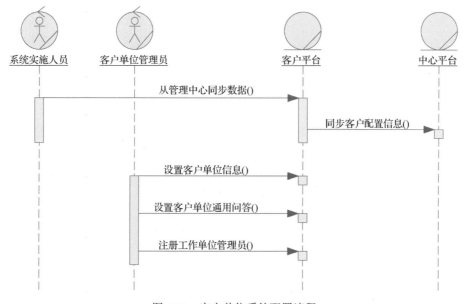

图 5-22 客户单位系统配置流程

3）工作单位系统配置

工作单位系统配置流程如图 5-23 所示。

4）用户自助服务

用户自助服务流程如图 5-24 所示。

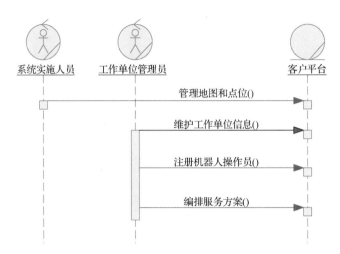

图 5-23　工作单位系统配置流程

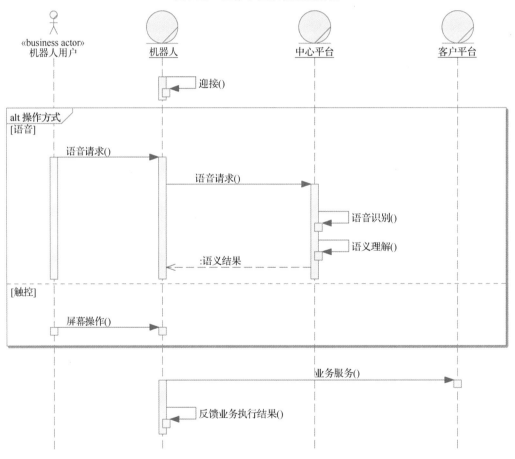

图 5-24　用户自助服务流程

5）人工辅助服务

人工辅助服务流程如图 5-25 所示。

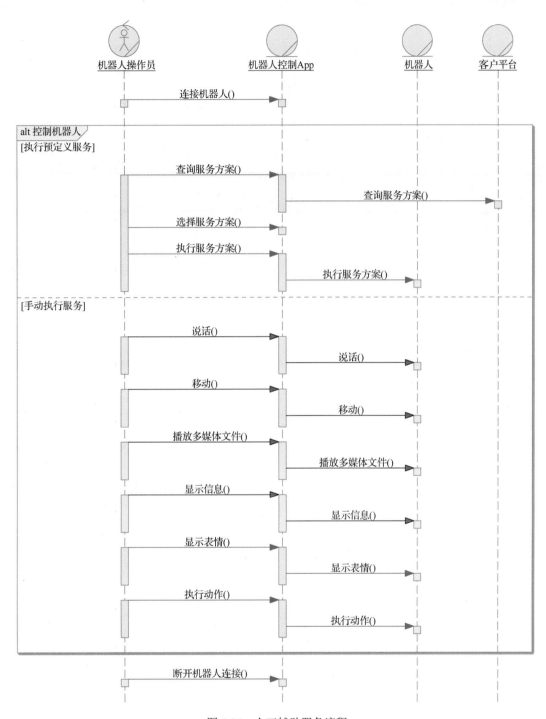

图 5-25　人工辅助服务流程

6）机器人状态监控

机器人状态监控流程如图 5-26 所示。

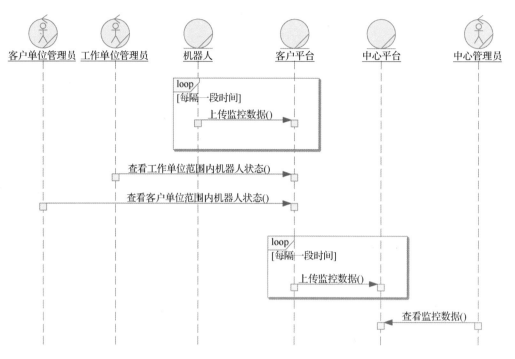

图 5-26 机器人状态监控流程

7）业务监控

业务监控流程如图 5-27 所示。

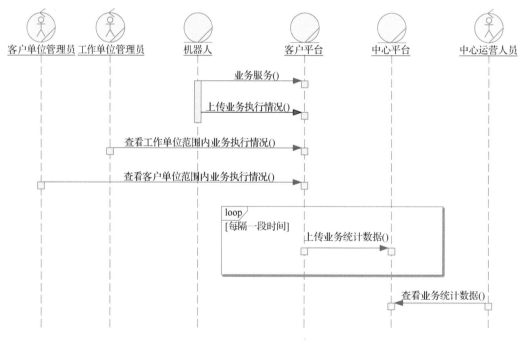

图 5-27 业务监控流程

8）故障处理

故障处理流程如图 5-28 所示。

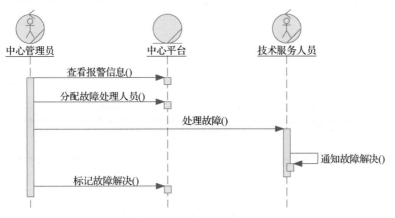

图 5-28　故障处理流程

5.2.3　需求确认

1．系统上下文

机器人服务系统的系统上下文图如图 5-29 所示。

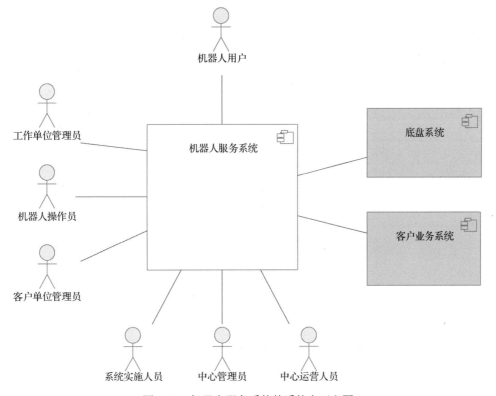

图 5-29　机器人服务系统的系统上下文图

图 5-29 一目了然地展现了机器人服务系统的总体周边关系，机器人为之服务的用户放在最上面，左侧是客户单位的各种系统用户，下面是机器人厂商的各种用户，右侧是机器人服务系统要对接的外部系统，其中底盘系统是固定要对接的系统，客户业务系统是本次定制要对接的系统。

机器人服务系统参与者地点分析如表 5-9 所示。

表 5-9　机器人服务系统参与者地点分析

元　　素	说　　明	地　　点
机器人用户	在现场与机器人交互的人员	社区服务中心
工作单位管理员	社区服务中心的系统管理员	社区服务中心
机器人操作员	在现场通过 App 操作机器人的人员	社区服务中心
客户单位管理员	客户的总管理员	客户总部办公室
系统实施人员	厂商为客户实施的人员	社区服务中心
中心管理员	厂商的后台管理人员	机器人厂商办公室
中心运营人员	厂商的运营人员	机器人厂商办公室
机器人服务系统	本系统	客户机房
底盘系统	负责机器人移动的控制系统	机器人内部
客户业务系统	机器人办理业务要对接的客户系统	客户机房

2．系统用例一览

机器人服务系统用例清单如表 5-10 所示。

表 5-10　机器人服务系统用例清单

角　　色	用　　例	时　　机
中心管理员	登录	每次使用系统时
	修改密码	首次，每 3 个月
	维护管理员账号	首次，不定期
	导入机器人信息	一批机器人出厂时
	管理机器人信息	不定期
	管理客户单位信息	客户合同生效后
	管理机器人工作单位信息	客户合同生效后
	管理机器人与工作单位的关系	客户合同生效后
	监控系统运行状况	
	监控机器人运行状况	
	整体查看	系统上线后随时
	按客户查看	系统上线后随时

续表

角　色	用　例	时　机
中心管理员	按工作单位查看	系统上线后随时
	按地区查看	系统上线后随时
	查看某台机器人的详情	系统上线后随时
	管理故障	
	注册技术服务单位	协作合同生效后
	注册技术服务人员	系统上线后
	查看报警信息	故障发生时
	分配故障解决人员	故障发生时
	标记故障解决	收到维保人员解决通知时
	查询故障记录	不定期
	导出故障报表	每个月，不定期
中心运营人员	登录	每次使用系统时
	修改密码	首次，每3个月
	维护运营人员账号	首次，不定期
	监控机器人业务执行情况	
	当天情况总览	系统上线后随时
	组合查询	系统上线后随时
	查看报表	系统上线后随时
客户单位管理员	登录	每次使用系统时
	修改密码	首次，每3个月
	维护管理员账号	首次，不定期
	设置客户单位基本信息	首次
	设置客户单位通用问答	随时
	注册工作单位管理员	工作单位使用系统前
	监控机器人运行状况	
	查看所有机器人状况	系统上线后随时
	按工作单位查看	系统上线后随时
	按地区查看	系统上线后随时
	查看某台机器人的详情	系统上线后随时
	监控机器人业务执行情况	
	当天情况总览	系统上线后随时
	组合查询	系统上线后随时

角　色	用　例	时　机
客户单位管理员	查看某笔业务办理详情	系统上线后随时
	查看报表	系统上线后随时
系统实施人员	登录	每次使用系统时
	修改密码	首次，每 3 个月
	从管理中心同步数据	首次，有更新时
	管理机器人工作单位	首次（与管理中心不通时）
	管理机器人	首次（与管理中心不通时）
	为机器人分配工作单位	首次（与管理中心不通时）
	管理地图和点位	首次
	设置机器人 Wi-Fi 连接	机器人初次开机时
工作单位管理员	登录	每次使用系统时
	修改密码	首次，每 3 个月
	维护管理员账号	首次，不定期
	设置工作单位相关信息	
	配置工作单位基本信息	首次
	配置问答	随时
	注册机器人操作员	首次
	编排服务方案	
	添加多媒体文件	有接待计划时
	添加讲解词	有接待计划时
	添加表情	有接待计划时
	添加动作	有接待计划时
	添加走位	有接待计划时
	监控机器人运行状况	
	查看本单位所有机器人	系统上线后随时
	查看某台机器人的详情	系统上线后随时
	监控机器人业务执行情况	
	当天情况总览	系统上线后随时
	按时间范围查询	系统上线后随时
	查看某笔业务办理详情	系统上线后随时
机器人用户	用户自助服务	
	聊天	工作时间内随时
	带路	工作时间内随时
	迎接	工作时间内随时

角　色	用　例	时　机
机器人用户	查询工作单位相关信息.	工作时间内随时
	查询社区信息	工作时间内随时
	咨询办事流程	工作时间内随时
	办理工作单位相关业务	
	办理社区业务	工作时间内随时
	查询办事进度	工作时间内随时
	人工辅助服务	
	接待	来到机器人检测范围内时
机器人操作员	登录	每次使用系统时
	修改密码	首次，每3个月
	连接机器人	需要控制机器人时
	断开机器人连接	不需要控制机器人时
	辅助机器人提供服务	要接待参观者时
	执行预定义服务	
	查询服务方案	服务方案已定义时
	选择服务方案	服务方案已定义时
	执行服务方案	服务方案已定义时
	手动服务	
	说话	服务方案未定义时
	移动	服务方案未定义时
	播放多媒体文件	服务方案未定义时
	显示信息	服务方案未定义时
	显示表情	服务方案未定义时
	执行动作	服务方案未定义时
	暂停服务	服务过程中随时
	恢复服务	服务暂停时
	取消服务	服务过程中随时
机器人	上报监控数据到客户后台	按照设置的周期
	上报业务数据到客户后台	按照设置的周期
客户后台系统	上报监控数据到管理中心	按照设置的周期
	上报业务数据到管理中心	按照设置的周期

由该用例清单可以看出，用例非常多，如果以用例图表示，图会非常大，或者需要分解成多个图，比较麻烦，还可能有所遗漏，但是通过表格来描述就可以做到完整、清晰。所以，在设计时需要根据内容灵活考虑表现形式，不要觉得用例图是标准就必须使用，其实只要能把意思表达出来就可以。

3．非功能性需求

1）可用性

当面向社区服务中心实施时，在工作时间段内可用性要求为 99.5%。机器人服务是人工服务的补充，即使机器人不可用，社区服务中心仍然可以提供人工服务，因此可用性没有必要定义得太高。

2）性能

本系统为市级项目，涉及几十个社区，每个社区配置 1～2 台机器人，客户端数量较少。考虑到机器人主要以语音方式与用户交互，因此定义性能需求如下：全市范围内支持 100 台机器人同时使用，平均响应时间在 3 秒以内。

3）安全性

网络环境为客户单位内部网络，且终端仅有机器人，因此安全性要求不高。

4）兼容性

服务端兼容 x86_64 架构 CPU、Linux 操作系统、MariaDB 数据库；Web 端兼容 Chrome 浏览器，最低分辨率为 1280 像素×800 像素；手机端兼容 Android 6.0 及以上系统。

5）可扩展性

本次定制的服务类型为社区服务，将来要求可以支持面向商场等其他类型客户。

6）可伸缩性

客户侧部署规模基本上是固定的，每个客户在 100 台机器人以内，不需要伸缩。中心侧需要在客户数量增多时按需伸缩。

5.2.4　架构设计

1．逻辑架构

机器人服务系统的逻辑架构图如图 5-30 所示，该图中出现了一些逻辑数据项，有时组件间并非直接通信，而是共享数据，如果不将数据体现出来，有些逻辑就无法说明。

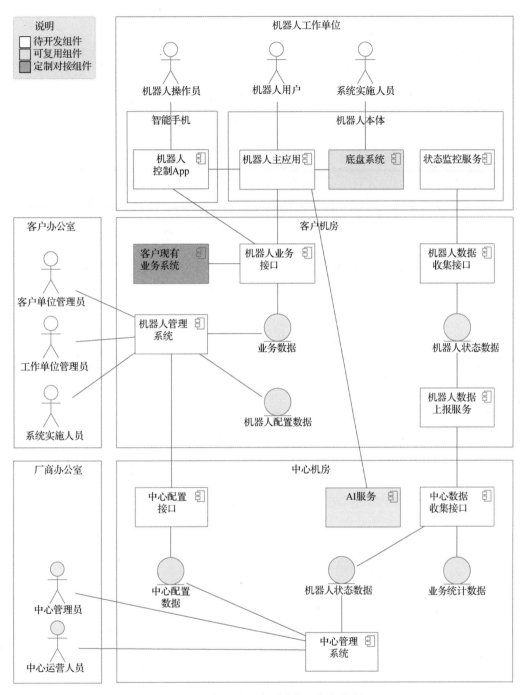

图 5-30　机器人服务系统的逻辑架构图

2．系统流程

1）管理中心设置

管理中心设置流程如图 5-31 所示。

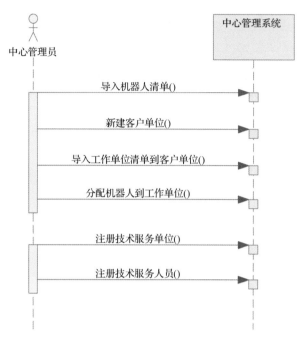

图 5-31 管理中心设置流程

2）客户单位设置

客户单位设置流程如图 5-32 所示。

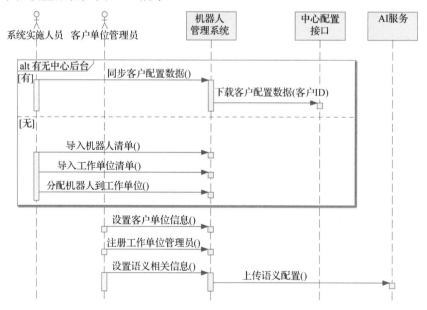

图 5-32 客户单位设置流程

3）工作单位设置

工作单位设置流程如图 5-33 所示。

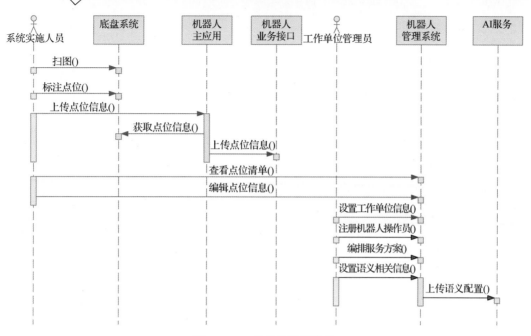

图 5-33　工作单位设置流程

4）用户自助服务

用户自助服务流程如图 5-34 所示。

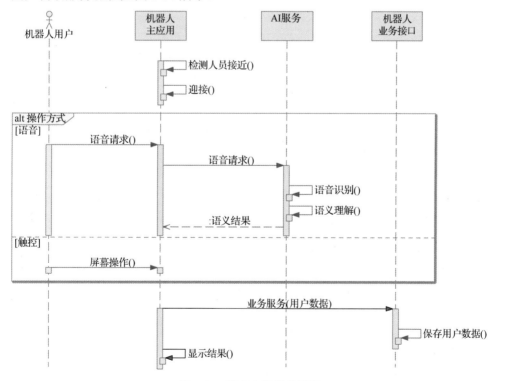

图 5-34　用户自助服务流程

5）人工辅助服务

人工辅助服务流程如图 5-35 所示。

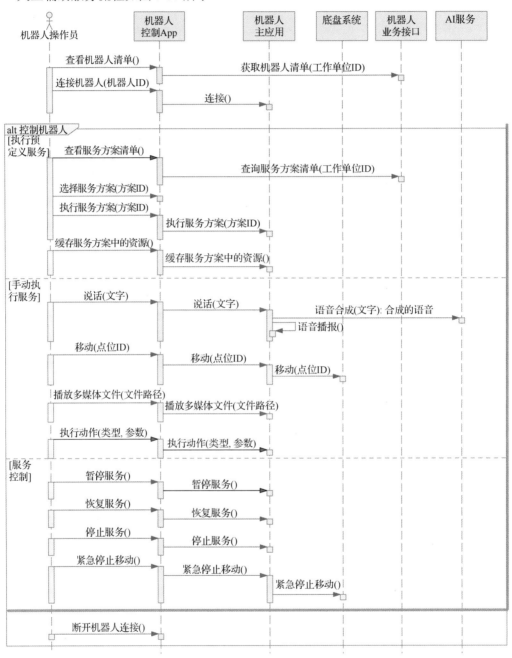

图 5-35　人工辅助服务流程

6）机器人状态监控

机器人状态监控流程如图 5-36 所示。

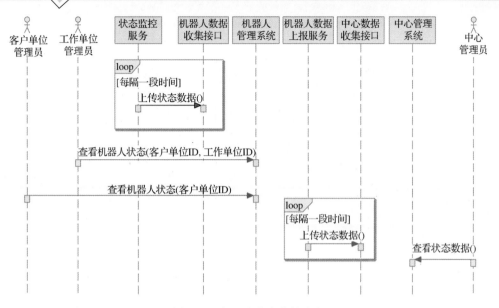

图 5-36　机器人状态监控流程

7）业务监控

业务监控流程如图 5-37 所示。

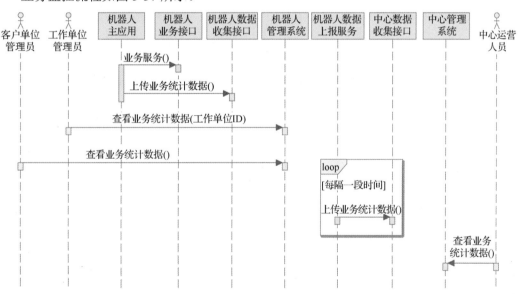

图 5-37　业务监控流程

8）故障处理

故障处理流程如图 5-38 所示。

3．物理架构

机器人服务系统的物理架构图如图 5-39 所示。

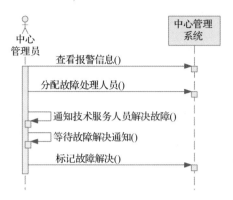

图 5-38　故障处理流程

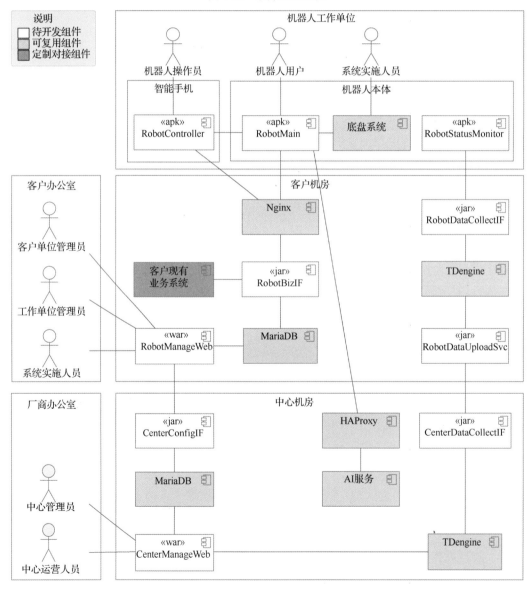

图 5-39　机器人服务系统的物理架构图

由图 5-39 可知，物理架构的整体布局与逻辑架构差不多，但是其中有些变化：一是待开发的逻辑组件都变成具有形态的以英文命名的物理组件，二是逻辑数据项根据其形式变成具体承载的组件 MariaDB 和 TDengine，三是多了一个负载均衡组件 Nginx（由于机器人业务接口比较重要，需要多个实例，因此前面增加了负载均衡器）。

4．部署架构

1）组件部署

机器人服务系统的组件部署图如图 5-40 所示。

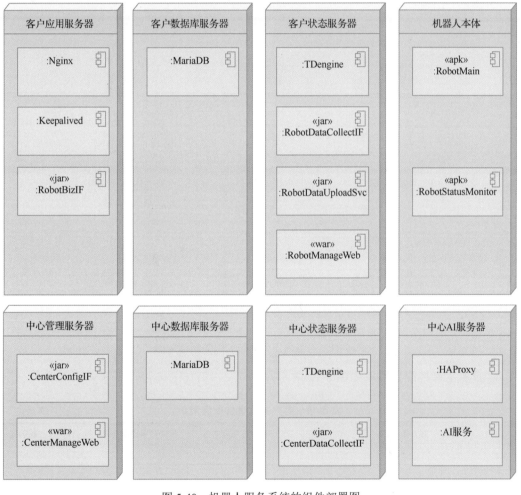

图 5-40　机器人服务系统的组件部署图

由于系统规模不大，全部基于物理机进行部署，因此避免引入虚拟化平台导致额外成本，以及引起架构复杂度提高。

2）服务器部署

机器人服务系统的服务器部署图如图 5-41 所示。

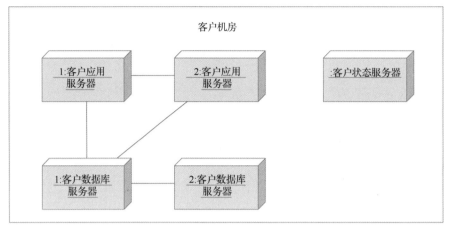
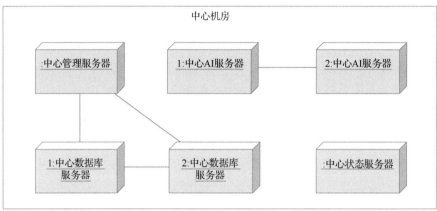

图 5-41　机器人服务系统的服务器部署图

客户机房硬件配置清单如表 5-11 所示。

表 5-11　客户机房硬件配置清单

服　务　器		客户应用服务器	客户数据库服务器	客户状态服务器
CPU	主频/GHz	2.1	2.1	2.1
	数量/个	2	2	2
	核数	8	8	8
内存	规格	DDR4	DDR4	DDR4
	频率/MHz	2400	2400	2400
	单条容量/GB	16	16	16
	数量/条	4	4	4
	总容量/GB	64	64	64

服 务 器		客户应用服务器	客户数据库服务器	客户状态服务器
网卡	速度/（Gbit/s）	1	1	1
	数量/块	4	4	4
磁盘组 1	类型	10 000 r/min	10 000 r/min	10 000 r/min
	容量/GB	600	600	600
	数量/个	2	2	2
	RAID	1	1	1
	总容量/GB	600	600	600
磁盘组 2	类型		SSD	SSD
	容量/GB		800	800
	数量/个		2	2
	RAID		1	1
	总容量/TB		800	800

中心机房硬件配置清单如表 5-12 所示。

表 5-12　中心机房硬件配置清单

服 务 器		中心管理服务器	中心数据库服务器	中心状态服务器	中心 AI 服务器
CPU	主频/GHz	2.1	2.1	2.1	2.1
	数量/个	2	2	2	2
	核数	8	8	8	12
内存	规格	DDR4	DDR4	DDR4	DDR4
	频率/MHz	2400	2400	2400	2400
	单条容量/GB	16	16	16	16
	数量/条	4	4	4	8
	总容量/GB	64	64	64	128
网卡	速度/（Gbit/s）	1	1	1	1
	数量/块	4	4	4	4
磁盘组 1	类型	10 000r/min	10 000r/min	10 000r/min	10 000r/min
	容量/GB	600	600	600	600
	数量/个	2	2	2	2
	RAID	1	1	1	1
	总容量/GB	600	600	600	600
磁盘组 2	类型		SSD	SSD	7200r/min
	容量/GB		800	800	6000
	数量/个		2	2	2
	RAID		1	1	1
	总容量/GB		800	800	6000

5. 非功能特性设计

1）可用性

可用性要求相对较高的组件有客户机房中客户应用服务器上的机器人业务接口，中心机房中为所有客户提供服务的中心 AI 服务器上的 AI 服务，以及所有数据库。客户应用服务器部署两台，中心 AI 服务器部署两台，客户数据库服务器部署两台（主从架构），中心数据库服务器部署两台（主从架构）。

2）性能

在客户机房中，来自机器人终端的业务请求为主要访问压力，由于市级项目中机器人数量在 100 台左右，考虑到思考时间，实际的吞吐率在个位数程度，各个节点都能承受这样的访问量，因此不进行特殊考虑，可以根据性能测试结果酌情优化。

3）安全性

由于对安全性的要求不高，因此不做特殊考虑，遵循一般的研发安全规则即可。

4）兼容性

按照兼容性需求进行开发即可。

5）可扩展性

主要扩展点为开展其他业务时的业务对接。在业务理解与架构设计中，已经体现了产品基础版本和定制化部分的关系，面临新业务时对有变化的部分进行替换即可。

6）可伸缩性

主要伸缩点在中心机房。当客户增多时，AI 服务的处理能力需要伸缩，状态数据的存储容量和收集性能需要伸缩。AI 服务是无状态服务，可以通过增加服务器快速伸缩，在HAProxy 中配置新增的 AI 服务器即可。中心状态服务器预留了 8 个 3.5 英寸的磁盘插槽，优先进行本机存储扩容。初期数据收集量不大，待系统运行一段时间后可以根据实际情况进行考虑。

5.2.5 技术选型定义

机器人服务系统技术选型定义如表 5-13 所示。

表 5-13 机器人服务系统技术选型定义

分　类	项　目	技 术 选 型	版　本	选型的理由
操作系统	服务器操作系统	openEuler	22.03	CentOS 的较好替代品

续表

分 类	项 目	技 术 选 型	版 本	选型的理由
数据库	关系数据库	MariaDB	10.11.0	MySQL 的主流定制版，高性能、高可靠性
	时序数据库	TDengine	3.0.1.3	主流时序数据库
中间件	Web 容器	Tomcat	10.1.0	广泛使用 Web 应用服务器
	4 层负载均衡	HAProxy	2.6	用于 AI 服务的负载均衡软件
	7 层负载均衡	Nginx	1.22.1	用于 HTTP 协议的负载均衡软件
	HA 软件	Keepalived	2.2.7	主流 HA 组件
开发语言	Java	OpenJDK	1.7.0	开源版 JDK
开发工具	所有后端工程	Eclipse	2022-09	主流 Java 项目开发工具
	所有 Android 工程	Android Studio	2022.3.1	主流 Android 项目开发工具
开发组件	Java 框架	Spring	5.3.23	主流轻量级 Java 开发框架
	数据库访问	Hibernate	6.1.3	主流 ORM 框架之一，开发效率高
	接口服务	Jersey	2.27	主流 REST 框架
	前端框架	Vue	3.2.40	主流前端框架

5.2.6　开发组件定义

机器人服务系统开发组件定义如表 5-14 所示。

表 5-14　机器人服务系统开发组件定义

分 类	组 件		形 态	开发语言	运行环境	代码工程名
	物 理 名	文 件 名				
客户后台系统	RobotManageWeb	robot-manage-web.war	WAR	Java	Tomcat	robot-manage-web
	RobotBizIF	robot-biz-if.jar	JAR	Java	Tomcat	robot-biz-if
	RobotDataCollectIF	robot-data-collect-if.jar	JAR	Java	Tomcat	robot-data-collect-if
	RobotDataUploadSvc	robot-data-upload-svc.jar	JAR	Java	Linux	robot-data-upload-svc
中心后台系统	CenterManageWeb	center-manage-web.war	WAR	Java	Tomcat	center-manage-web
	CenterConfigIF	center-config-if.jar	JAR	Java	Tomcat	center-config-if
	CenterDataCollectIF	center-data-collect-if.jar	JAR	Java	Tomcat	center-data-collect-if
机器人本体应用	RobotMain	robot-main.apk	Android 应用	Java	Android	robot-main
	RobotStatusMonitor	robot-status-monitor.apk	Android 应用	Java	Android	robot-status-monitor
智能手机控制应用	RobotController	robot-controller.apk	Android 应用	Java	Android	robot-controller

5.2.7　部署组件定义

机器人服务系统部署组件定义如表 5-15 所示。

表 5-15　机器人服务系统部署组件定义

分　类	组件物理名	机器人工作单位		客户机房			中心机房			
		机器人	智能手机	客户应用服务器	客户数据库服务器	客户状态服务器	中心管理服务器	中心AI服务器	中心数据库服务器	中心状态服务器
		N 台	N 台	2 台	2 台	1 台	1 台	2 台	2 台	1 台
第三方组件	Nginx	—	—	A	—	—	—	—	—	—
	Keepalived	—	—	A	—	—	—	A	—	—
	HAProxy	—	—	—	—	—	—	A	—	—
	OpenJDK	—	—	A	—	A	A	—	—	A
	Tomcat	—	—	—	—	A	A	—	—	—
	MariaDB	—	—	—	A	—	—	—	A	—
	TDengine	—	—	—	—	A	—	—	—	A
可复用组件	AI 服务	—	—	—	—	—	—	A	—	—
开发的客户服务端组件	RobotManageWeb	—	—	—	—	A	—	—	—	—
	RobotBizIF	—	—	A	—	—	—	—	—	—
	RobotDataCollectIF	—	—	—	—	A	—	—	—	—
	RobotDataUploadSvc	—	—	—	—	A	—	—	—	—
开发的中心服务端组件	CenterManageWeb	—	—	—	—	—	A	—	—	—
	CenterConfigIF	—	—	—	—	—	A	—	—	—
	CenterDataCollectIF	—	—	—	—	—	A	—	—	—
机器人本体组件	RobotMain	A	—	—	—	—	—	—	—	—
	RobotStatusMonitor	A	—	—	—	—	—	—	—	—
智能手机组件	RobotController	—	A	—	—	—	—	—	—	—

注："A"表示在该类型服务器上全部部署，"—"表示不部署。

5.2.8　功能模块定义

机器人服务系统功能模块定义如表 5-16 所示。

表 5-16　机器人服务系统功能模块定义

功能分类	功　能	模　块	功能形态	所属物理组件	包	类	方　法
登录注销	登录	登录页面	静态 Web 页面	RobotManageWeb	/view	login.htm	
		登录接口	REST 服务	RobotManageWeb	com.xxx.robot.web.rest	UserResource	login
	注销	注销接口	REST 服务	RobotManageWeb	com.xxx.robot.web.rest	UserResource	logout

续表

功能分类	功能	模块	功能形态	所属物理组件	包	类	方 法
主页	主页	主页	静态Web 页面	RobotManageWeb	/view	main.htm	
	菜单	菜单查询接口	REST服务	RobotManageWeb	com.xxx.robot.web.rest	MenuResource	search
用户管理	用户查询	用户列表（查询）页面	静态Web 页面	RobotManageWeb	/view/user	search.htm	
		用户查询接口	REST服务	RobotManageWeb	com.xxx.robot.web.rest	UserResource	search
	用户删除	用户删除接口	REST服务	RobotManageWeb	com.xxx.robot.web.rest	UserResource	delete
	用户详情	用户详情页面	静态Web 页面	RobotManageWeb	/view/user	detail.htm	
		用户详情接口	REST服务	RobotManageWeb	com.xxx.robot.web.rest	UserResource	detail
	用户新增	用户新增（修改）页面	静态Web 页面	RobotManageWeb	/view/user	modify.htm	
		用户新增接口	REST服务	RobotManageWeb	com.xxx.robot.web.rest	UserResource	add
	用户修改	用户修改接口	REST服务	RobotManageWeb	com.xxx.robot.web.rest	UserResource	modify
机器人管理	机器人查询	机器人列表（查询）页面	静态Web 页面	RobotManageWeb	/view/robot	search.htm	
		机器人查询接口	REST服务	RobotManageWeb	com.xxx.robot.web.rest	RobotResource	search
	机器人导入	机器人导入接口	REST服务	RobotManageWeb	com.xxx.robot.web.rest	RobotResource	import
	机器人删除	机器人删除接口	REST服务	RobotManageWeb	com.xxx.robot.web.rest	RobotResource	delete
	机器人详情	机器人详情页面	静态Web 页面	RobotManageWeb	/view/robot	detail.htm	
		机器人详情接口	REST服务	RobotManageWeb	com.xxx.robot.web.rest	RobotResource	detail
	机器人新增	机器人新增（编辑）页面	静态Web 页面	RobotManageWeb	/view/robot	modify.htm	

功能分类	功能	模块	功能形态	所属物理组件	包	类	方法
机器人管理	机器人新增	机器人新增接口	REST服务	RobotManageWeb	com.xxx.robot.web.rest	RobotResource	add
	机器人修改	机器人修改接口	REST服务	RobotManageWeb	com.xxx.robot.web.rest	RobotResource	modify
客户单位管理	客户单位详情	客户单位详情页面	静态Web页面	RobotManageWeb	/view/customer	detail.htm	
		客户单位详情查询接口	REST服务	RobotManageWeb	com.xxx.robot.web.rest	CustomerResource	detail
	客户单位修改	客户单位详情修改页面	静态Web页面	RobotManageWeb	/view/customer	modify.htm	
		客户单位详情修改接口	REST服务	RobotManageWeb	com.xxx.robot.web.rest	CustomerResource	modify
	客户单位配置同步	客户单位设置同步接口	REST服务	RobotManageWeb	com.xxx.robot.web.rest	CustomerResource	syncConfig
机器人工作单位管理	工作单位查询	工作单位列表（查询）页面	静态Web页面	RobotManageWeb	/view/workplace	search.htm	
		工作单位查询接口	REST服务	RobotManageWeb	com.xxx.robot.web.rest	WorkplaceResouce	search
	工作单位导入	工作单位导入接口	REST服务	RobotManageWeb	com.xxx.robot.web.rest	WorkplaceResouce	import
	工作单位删除	工作单位删除接口	REST服务	RobotManageWeb	com.xxx.robot.web.rest	WorkplaceResouce	delete
	工作单位详情	工作单位详情页面	静态Web页面	RobotManageWeb	/view/workplace	detail.htm	
		工作单位详情接口	REST服务	RobotManageWeb	com.xxx.robot.web.rest	WorkplaceResouce	detail
	工作单位新增	工作单位新增（编辑）页面	静态Web页面	RobotManageWeb	/view/workplace	add.htm	
		工作单位新增接口	REST服务	RobotManageWeb	com.xxx.robot.web.rest	WorkplaceResouce	add
	工作单位修改	工作单位修改接口	REST服务	RobotManageWeb	com.xxx.robot.web.rest	WorkplaceResouce	modify

续表

功能分类	功能	模块	功能形态	所属物理组件	包	类	方法
机器人工作单位管理	点位信息查询	点位信息查询页面	静态Web 页面	RobotManageWeb	/view/position	search.htm	
		点位信息查询接口	REST 服务	RobotManageWeb	com.xxx.robot.web.rest	PositionResource	search
	点位信息修改	点位信息修改页面	静态Web 页面	RobotManageWeb	/view/position	modify.htm	
		点位信息修改接口	REST 服务	RobotManageWeb	com.xxx.robot.web.rest	PositionResource	modify
机器人分配	机器人分配情况查询	机器人分配情况查询页面	静态Web 页面	RobotManageWeb	/view/robot_allocate	search.htm	
		机器人分配情况查询接口	REST 服务	RobotManageWeb	com.xxx.robot.web.rest	RobotAllocateResource	search
	机器人分配	机器人分配接口	REST 服务	RobotManageWeb	com.xxx.robot.web.rest	RobotAllocateResource	allocate
问答管理	问答设置查询	问答设置列表（查询）页面	静态Web 页面	RobotManageWeb	/view/qa	search.htm	
		问答设置查询接口	REST 服务	RobotManageWeb	com.xxx.robot.web.rest	QAResource	search
	问答设置导入	问答设置导入接口	REST 服务	RobotManageWeb	com.xxx.robot.web.rest	QAResource	import
	问答设置删除	问答设置删除接口	REST 服务	RobotManageWeb	com.xxx.robot.web.rest	QAResource	delete
	问答设置详情	问答设置详情页面	静态Web 页面	RobotManageWeb	/view/qa	detail.htm	
		问答设置详情接口	REST 服务	RobotManageWeb	com.xxx.robot.web.rest	QAResource	detail
	问答设置新增	问答设置新增（编辑）页面	静态Web 页面	RobotManageWeb	/view/qa	add.htm	
		问答设置新增接口	REST 服务	RobotManageWeb	com.xxx.robot.web.rest	QAResource	add
	问答设置修改	问答设置修改接口	REST 服务	RobotManageWeb	com.xxx.robot.web.rest	QAResource	modify

功能分类	功能	模块	功能形态	所属物理组件	包	类	方法
服务方案管理	服务方案查询	服务方案列表（查询）页面	静态Web页面	RobotManageWeb	/view/service_plan	search.htm	
		服务方案查询接口	REST服务	RobotManageWeb	com.xxx.robot.web.rest	ServicePlanResource	search
	服务方案删除	服务方案删除接口	REST服务	RobotManageWeb	com.xxx.robot.web.rest	ServicePlanResource	delete
	服务方案详情	服务方案详情页面	静态Web页面	RobotManageWeb	/view/service_plan	detail.htm	
		服务方案详情接口	REST服务	RobotManageWeb	com.xxx.robot.web.rest	ServicePlanResource	detail
	服务方案新增	服务方案新增（编辑）页面	静态Web页面	RobotManageWeb	/view/service_plan	add.htm	
		服务方案新增接口	REST服务	RobotManageWeb	com.xxx.robot.web.rest	ServicePlanResource	add
	服务方案修改	服务方案修改接口	REST服务	RobotManageWeb	com.xxx.robot.web.rest	ServicePlanResource	modify
机器人状态监控	机器人状态查询	机器人状态查询页面	静态Web页面	RobotManageWeb	/view/robot_status	search.htm	
		机器人状态查询接口	REST服务	RobotManageWeb	com.xxx.robot.web.rest	RobotStatusResource	search
	机器人状态详情	机器人状态详情页面	静态Web页面	RobotManageWeb	/view/robot_status	detail.htm	
		机器人状态详情接口	REST服务	RobotManageWeb	com.xxx.robot.web.rest	RobotStatusResource	detail
业务监控	实时业务统计	当天业务实时统计页面	静态Web页面	RobotManageWeb	/view/business_summary	today.htm	
		当天业务实时统计接口	REST服务	RobotManageWeb	com.xxx.robot.web.rest	BizSumResource	realtimeSearch

续表

功能分类	功能	模块	功能形态	所属物理组件	包	类	方　法
业务监控	业务统计查询	业务统计查询页面	静态Web 页面	RobotManageWeb	/view/business_summary	search.htm	
		业务统计查询接口	REST服务	RobotManageWeb	com.xxx.robot.web.rest	BizSumResource	search
	业务详情	业务详情页面	静态Web 页面	RobotManageWeb	/view/business_summary	detail.htm	
		业务详情接口	REST服务	RobotManageWeb	com.xxx.robot.web.rest	BizSumResource	detail
	业务统计报表	业务统计报表导出接口	REST服务	RobotManageWeb	com.xxx.robot.web.rest	BizSumResource	exportReport

实际的模块非常多，虽然此处没有全部列举，但是已经体现出需要达到的程度，就是所有模块被精确划分出来，并分配到各个代码工程中，且命名也已经确定。如果按照这个划分结果进行开发，那么各个工程中一直到方法级别都是确定的，各个模块不论交给哪个开发人员，提交的成果都是可控的。

5.2.9　案例小结

本系统是一个偏重业务性的企业级中型项目，在架构设计过程中，各个环节的设计均有涉及，是一个较为完整的设计参考案例。本系统还是一个产品可定制的项目，从业务理解到架构设计的各个环节都体现了定制相关的设计，有利于得出一个可扩展性良好的架构。

在非功能特性设计方面，本系统由于终端数量有限，对后台来说总体性能压力不大，因此性能方面没有过多的设计。本系统主要处理两类业务：一是聊天、带路、问答等趣味性的业务；二是本身有人工服务的社区办事业务，即使系统发生故障，影响也不大，因此可用性要求不太高，在可用性方面的设计也较为简略。架构师应根据系统特点和实际需求进行适度设计，并控制成本。

5.3　某全国性教育网站系统 1.0

5.3.1　项目背景

某教育网站系统面向全国签约学校的师生，提供题目练习、作业、考试服务。该系统的业务愿景是让学生的学习更有效率，减轻老师的工作压力，提高老师的工作效率，让家长能够非常方便地了解子女的学习情况。

5.3.2 业务理解

1. 领域模型

学生在学习完一定的课程内容后，需要通过题目练习、做作业、考试等多种形式来巩固所学内容，这几件事不论有无信息系统的支撑，都是客观存在的。本系统的目的是解决其中的效率问题。为了便于理解，可以将领域模型分为 3 个主题，分别是题目练习、作业和考试。

题目练习领域模型如图 5-42 所示，该模型解决的是学生零散选择题目进行练习的问题。首先要有一个中央题库，其中有海量题目，学生在其中选择题目进行练习。选择的方式有两种：一是基于自己的意愿主动选择，二是由系统基于学生的历史错题和常见错题经过计算来推荐一些题目。学生对题目作答之后产生结果，由系统进行评价，同时对错题进行记录，将来基于错题可以再次推荐。

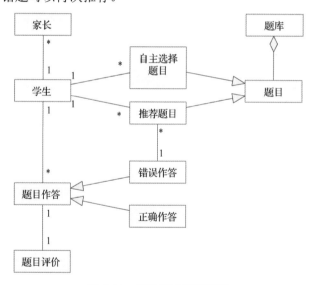

图 5-42　题目练习领域模型

作业领域模型如图 5-43 所示。作业仍然采用线下形式，老师在线上发布线下作业题目，学生完成后拍照提交，老师进行线上评价。

考试领域模型如图 5-44 所示。考试不同于作业，老师侧的业务是在线上完成的，学生侧的业务是在线下完成的。考试由老师组织，考试对应试卷，试卷由若干题目组成，老师可在线组卷，委托运营人员集中打印试卷。学生在线下完成考试后，试卷被集中到运营人员处扫描，并将数据导入系统中，由 AI 和老师共同完成阅卷。考试的错题也将被记录，纳入学生的错题库，作为推荐的依据。

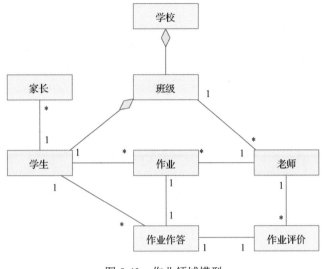

图 5-43　作业领域模型

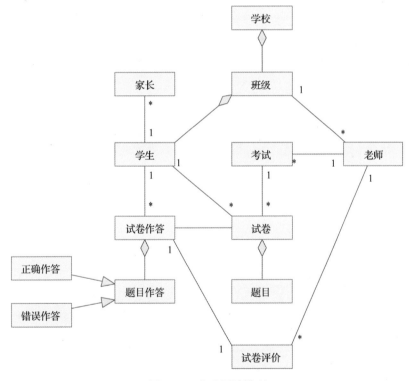

图 5-44　考试领域模型

2．业务对象分析

业务对象分析如图 5-45 所示。整个系统为 SaaS 性质，统一由教育网站运营商负责运营，面向签约学校的老师、学生和家长提供服务，内部工作人员有管理员和运营人员。

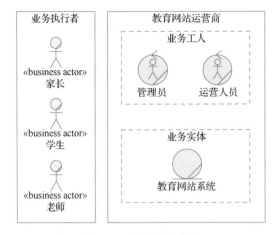

图 5-45　业务对象分析

3．业务用例

业务用例如图 5-46 所示。本系统涉及的业务相对来说比较明确，学生就是要先做题目、做作业和参加考试，然后查看结果；老师布置完作业后就是批改作业，考试组卷后就是阅卷；家长关心的就是孩子的学习情况。

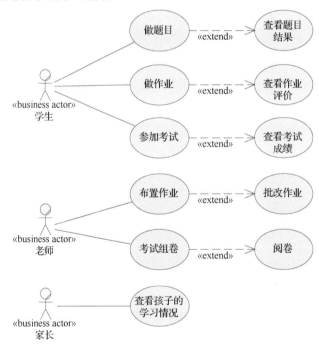

图 5-46　业务用例

4．业务流程

1）学校接入

系统运营方需要与学校完成线下签约，并将相关信息导入系统中，该学校的用户才能使用。学校接入流程如图 5-47 所示。

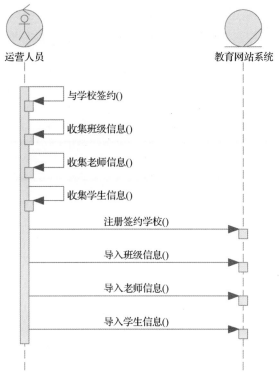

图 5-47　学校接入流程

2）自主练习

学生平时可以在系统中自主选择题目进行练习，由系统自动进行评价。自主练习流程如图 5-48 所示。

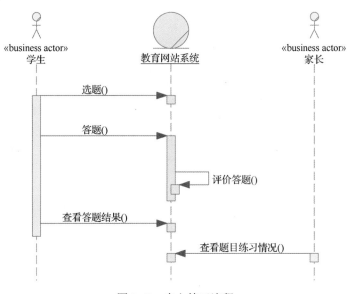

图 5-48　自主练习流程

3）推荐练习

系统可以基于通用易错题，以及学生在使用过程中积累的错题，计算出面向特定学生推荐的题目，学生通过练习这类题目可以显著提高练习效率。推荐练习流程如图 5-49 所示。

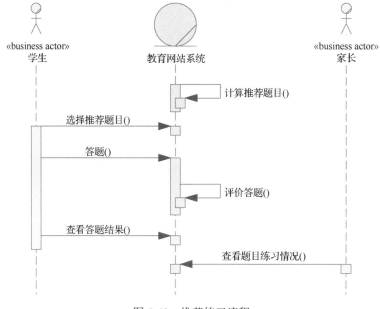

图 5-49　推荐练习流程

4）作业

作业流程如图 5-50 所示，作业仍然采用线下方式，学生通过系统仅能事前查看作业任务、事后查看作业评价。

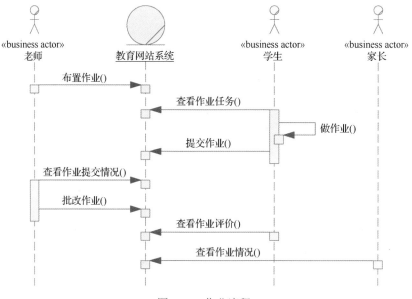

图 5-50　作业流程

5）考试

学生考试仍然采用传统的线下方式，整个考试采用线上与线下相结合的方式。考试流程如图 5-51 所示。首先由老师在系统中进行选题组卷；然后由运营人员统一打印后分发给各个老师，由老师组织线下考试，收卷后再交给运营人员统一扫描；接着由运营人员将扫描的信息导入系统，之后由 AI 和老师采用人工结合的方式进行阅卷；最后由系统进行成绩汇总。

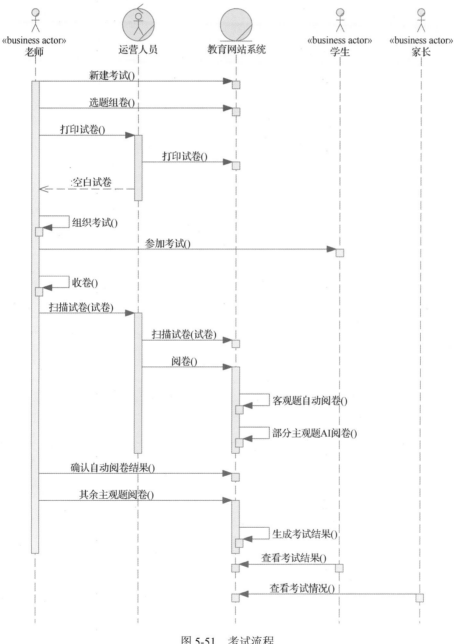

图 5-51　考试流程

5.3.3　需求确认

1．系统上下文

教育网站系统的系统上下文图如图 5-52 所示。该系统的用户包括老师、学生、家长和运营人员，没有要对接的外部系统。

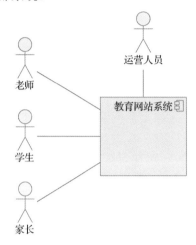

图 5-52　教育网站系统的系统上下文图

教育网站系统的参与者地点分析如表 5-17 所示。

表 5-17　教育网站系统的参与者地点分析

元　素	说　明	地　点
老师	签约学校的老师	学校、家里
学生	签约学校的学生	家里
家长	签约学校的学生家长	家里
运营人员	各个签约学校所在城市的运营机构人员	各地运营办公室
教育网站系统	本系统	公司机房

2．系统用例清单

教育网站系统的用例清单如表 5-18 所示。

表 5-18　教育网站系统的用例清单

角　色	用　例	来　源
运营人员	注册签约学校	业务流程
	导入班级信息	业务流程
	导入老师信息	业务流程
	导入学生信息	业务流程

角　色	用　例	来　源
运营人员	维护学校信息	基于业务实际需要补充
	维护班级信息	基于业务实际需要补充
	维护老师信息	基于业务实际需要补充
	维护学生信息	基于业务实际需要补充
	打印试卷	业务流程
	管理打印机	基于业务实际需要补充
	管理打印任务	基于业务实际需要补充
	扫描试卷	业务流程
	管理扫描设备	基于业务实际需要补充
	管理扫描任务	基于业务实际需要补充
	启动阅卷	业务流程
老师	布置作业	业务流程
	查看作业提交情况	业务流程
	批改作业	业务流程
	新建考试	业务流程
	选题组卷	业务流程
	阅卷	业务流程
学生	自主选题	业务流程
	选择推荐题目	业务流程
	答题	业务流程
	查看答题结果	业务流程
	查看作业任务	业务流程
	提交作业	业务流程
	查看作业评价	业务流程
	查看考试结果	业务流程
家长	查看题目练习情况	业务流程
	查看作业情况	业务流程
	查看考试情况	业务流程
教育网站系统	计算推荐题目	业务流程
	评价答题	业务流程
	生成作业结果	基于业务实际需要补充
	生成考试结果	业务流程

3. 非功能性需求

1）可用性

教育网站系统三大业务的重要性、时间分布不尽相同，如表 5-19 所示。整个系统的可用性基于最重要的考试业务来确定，定义为99.9%。

表5-19　业务特点分析

业 务	重 要 性	时 间 分 布
题目练习	低	中午、晚上、休息日、假期
作业	中	中午、晚上、休息日、假期
考试	高	工作日工作时间段

2）性能

系统上线后业务持续发展，预计第1年能满足1000所学校，共50万名师生的使用需要；第3年能满足5000所学校，共250万名师生的使用需要。一般操作平均响应时间在3秒以内，涉及AI的操作平均响应时间在5秒以内。

3）安全性

整个系统按照等级保护三级标准进行安全体系建设。基于系统业务的威胁分析如表5-20所示。

表5-20　基于系统业务的威胁分析

资 产	威 胁 来 源	威 胁 方 式	对应安全属性
题库数据	竞争对手	爬虫爬取	机密性
考试数据	参加考试人员	窃取试题	机密性
	参加考试人员	非法查看考试结果	机密性
	参加考试人员	篡改考试结果	完整性
师生个人信息	内部运营人员	泄露	机密性

4）兼容性

服务端兼容x86_64架构CPU、Linux操作系统、PostgreSQL数据库；Web端兼容Chrome浏览器，最低1280像素×800像素的分辨率。

5）可扩展性

在主观题评价功能方面，需要采用AI算法，不同的算法可能有不同的效果，有时需要基于多种算法的结果进行综合比较得出最终结果，因此在相关算法上需要具有可扩展性。

6）可伸缩性

本系统属于自运营业务，随着业务的发展需要进行阶段性扩容，因此需要具有良好的可伸缩性，伸缩时无须修改软件，仅通过增加硬件和修改少量配置即可实现。

5.3.4 架构设计

1. 逻辑架构

教育网站系统的逻辑架构图如图 5-53 所示。该系统总体上采用微服务架构，微服务的拆分基于领域模型中的三大主题很自然地分为练习服务、作业服务和考试服务，底层是各业务需要用到的数据库及中间件。

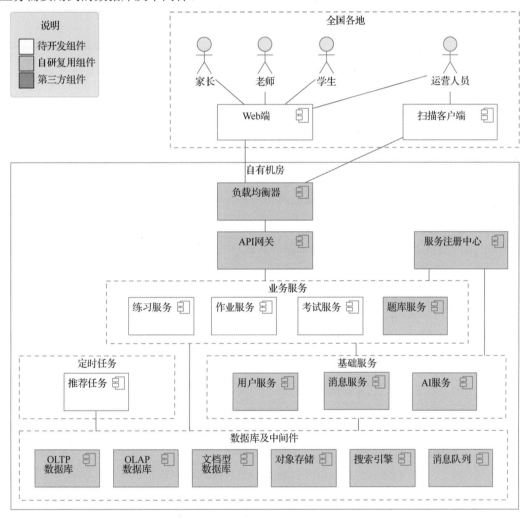

图 5-53 教育网站系统的逻辑架构图

2. 系统流程

1）学校接入

每签约一所学校，就需要进行该学校相关信息的导入，包括学校注册，以及班级信息、老师信息、学生信息、家长信息的导入和维护。学校接入流程如图 5-54 所示。

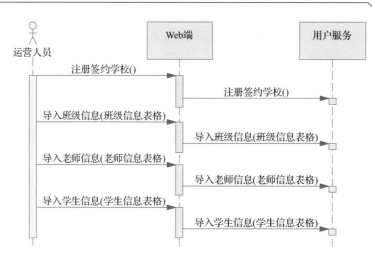

图 5-54　学校接入流程

2）自主练习

自主练习流程基于系统架构展开，如图 5-55 所示。

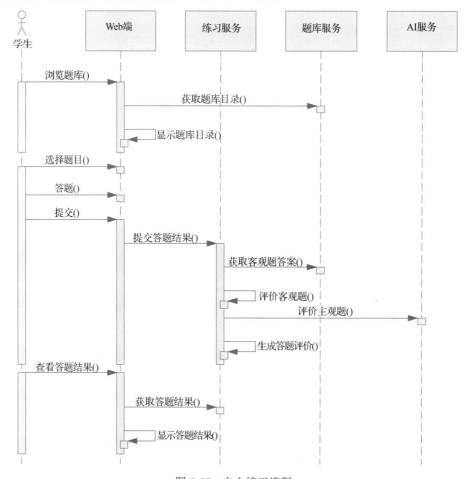

图 5-55　自主练习流程

3）推荐练习

推荐练习流程如图 5-56 所示。推荐任务定时启动，针对所有未推荐过的学生，以及错题有变化的学生计算推荐题目，学生可以在系统中浏览推荐题目进行作答。

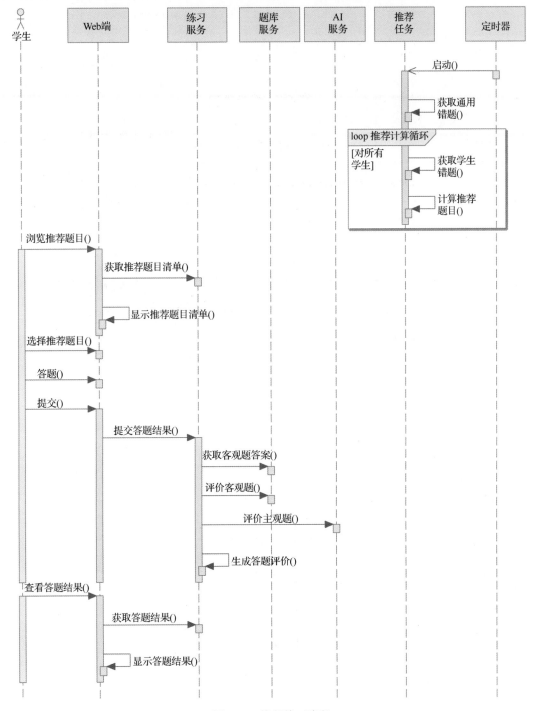

图 5-56　推荐练习流程

4）作业

作业流程如图 5-57 所示。

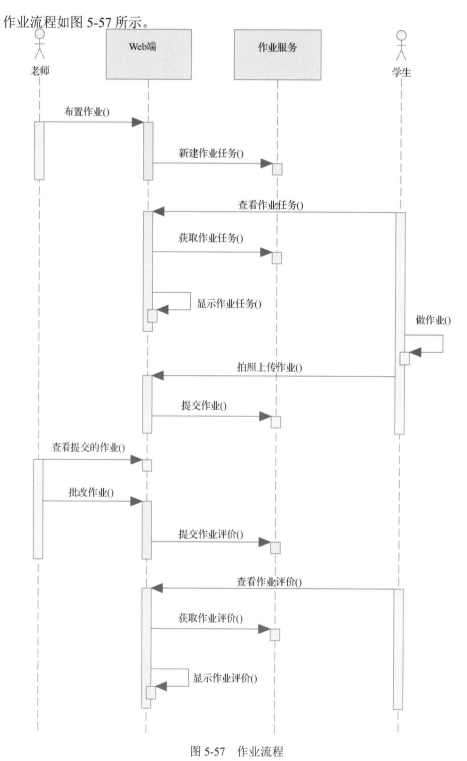

图 5-57　作业流程

5）考试准备

考试本身仍然是线下活动，考前准备和考后阅卷变为线上活动。考试准备流程如图 5-58 所示。

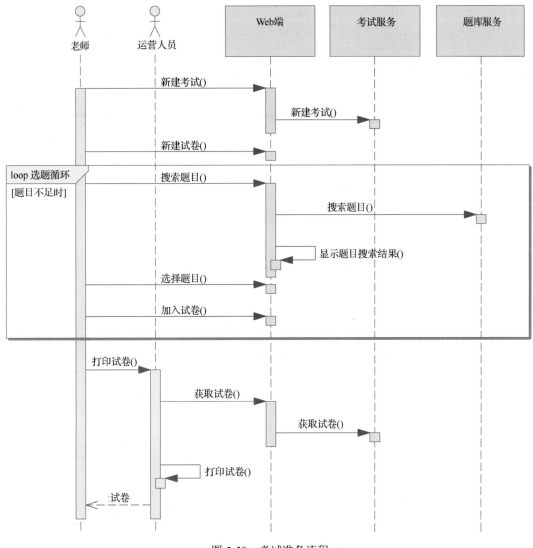

图 5-58 考试准备流程

6）阅卷

阅卷流程如图 5-59 所示。

7）家长相关流程

家长相关流程如图 5-60 所示。由于家长在整个过程中为非主要角色，只是一个观察者，因此将家长相关业务整理在一张图中表示。

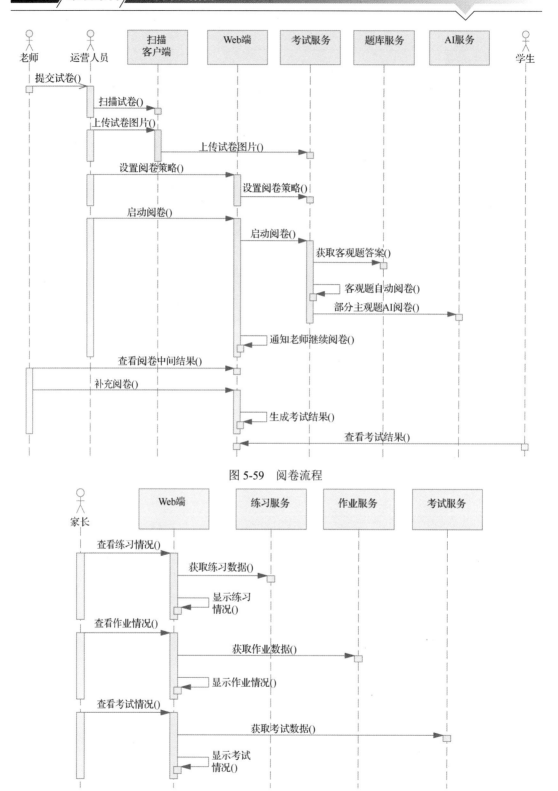

图 5-59 阅卷流程

图 5-60 家长相关流程

3. 物理架构

教育网站系统的物理架构如图 5-61 所示。

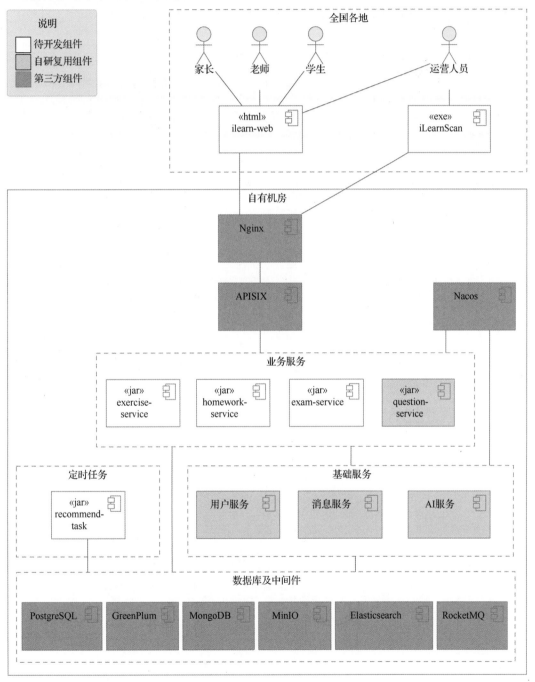

图 5-61　教育网站系统的物理架构

4．部署架构

1）组件部署

组件部署图如图 5-62 所示。

图 5-62　组件部署图

2）服务器部署

服务器部署图如图 5-63 所示。

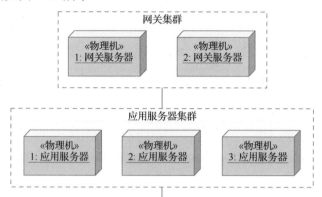
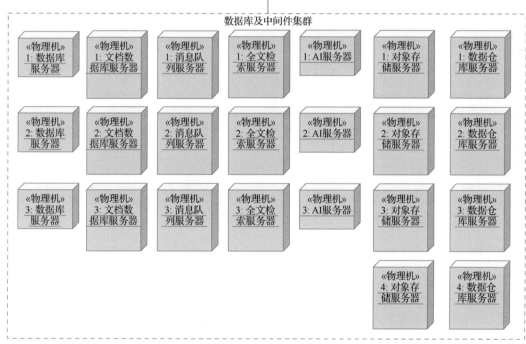

图 5-63 服务器部署图

服务器配置表如表 5-21 所示。

表 5-21 服务器配置表

服 务 器		网关服务器	应用服务器	数据库服务器	文档数据库服务器	消息队列服务器	对象存储服务器	全文检索服务器	AI服务器	数据仓库服务器
CPU	主频/GHz	2.2	2.3	2.3	2.3	2.2	2.2	2.3	2.3	2.3
	数量/个	2	2	2	2	2	2	2	2	2
	核数	10	12	12	12	10	10	12	12	12

续表

服 务 器		网关服务器	应用服务器	数据库服务器	文档数据库服务器	消息队列服务器	对象存储服务器	全文检索服务器	AI服务器	数据仓库服务器
内存	规格	DDR4	DDR4	DDR4	DDR4	DDR4	DDR4	DDR4	DDR4	DDR4
	频率/MHz	2400	2400	2400	2400	2400	2400	2400	2400	2400
	单条容量/GB	16	16	16	16	16	16	16	16	16
	数量/条	6	12	12	12	6	6	12	24	12
	总容量/GB	96	192	192	192	96	96	192	384	192
网卡	速度/（Gbit/s）	10	10	10	10	10	10	10	10	10
	数量/块	2	2	2	2	2	2	2	2	4
GPU	数量/个								2	
磁盘组1	类型	10 000r/min	10 000r/min	10 000r/min	10 000r/min	10 000r/min	10 000r/min	10 000r/min	10 000r/min	10 000r/min
	容量/GB	600	600	600	600	600	600	600	600	600
	数量/个	2	2	2	2	2	2	2	2	2
	RAID	1	1	1	1	1	1	1	1	1
	总容量/GB	600	600	600	600	600	600	600	600	600
磁盘组2	类型	10 000r/min	10 000r/min	SSD	SSD	SSD	10 000r/min	SSD	7200r/min	SSD
	容量/GB	600	600	800	800	800	6000	800	6000	1.92
	数量/个	2	2	3	3	3	12	3	4	4
	RAID	1	1	5	5	5		5	10	
	总容量/TB	600	600	1.6	1.6	1.6	72	1.6	12	7.68

5．非功能特性设计

1）可用性

网关服务器上部署了 Nginx 和 API 网关，Nginx 基于 Keepalived 做成主从模式，API 网关为两节点负载均衡模式。

应用服务器上部署了所有微服务，初期为 7 个服务加 1 个 Nacos 服务注册中心。各个组件均部署 3 个实例，每个服务均配置 3 个 Nacos 服务实例的端口。

PostgreSQL、Elasticsearch 集群为一主两从模式。

MongoDB 为三节点集群模式。

RocketMQ 为一主一从模式。

AI 服务器为三节点负载均衡模式。

对象存储 MinIO 初期为四节点集群模式，采用的数据存储策略为基于纠删码。

GreenPlum 初期为四节点集群模式，采用固有集群方式。

2）性能

网关服务器注重网络传输效率，对 CPU、磁盘性能要求不高，采用万兆级网卡已经足够。

应用服务器对计算性能要求一般，由于初期服务只有 8 个，每台物理机具有 48 个逻辑 CPU、192GB 内存。每个组件可先配置 4 个 CPU 和 8GB 内存，保留一些资源，上线后根据运行情况再进行调整。

数据库服务器、文档数据库服务器和全文检索服务器对 CPU、内存、磁盘、网络的要求都比较高，应给予较高配置，如配备 48 核逻辑 CPU，192GB 内存，以及 3 块 SSD 组成的 RAID5。

消息队列服务器、对象存储服务器对 CPU 的要求不高，但注重磁盘和网络性能。CPU 采用 40 个逻辑核，内存采用 96GB，数据盘采用 3 块 SSD 组成的 RAID5。

AI 服务器需要较高的计算性能，大容量存储放置数据模型；配备 GPU，内存采用 384GB，4 块容量为 6TB 的机械硬盘组成 RAID10，提供 12TB 可用空间和 2 倍于单块磁盘的性能。

数据仓库服务器需要较高的计算性能、磁盘性能和网络性能，配备 48 核逻辑 CPU、192GB 内存、4 块容量为 1.92TB 的 SSD、四端口万兆级网卡。

3）安全性

可以针对安全需求中列举的安全威胁来考虑应对策略。安全性设计如表 5-22 所示。

表 5-22　安全性设计

资　产	威 胁 来 源	威 胁 方 式	应 对 策 略
题库数据	竞争对手	爬虫爬取	强化客户端验证，同时对题库服务限制请求频率，请求频率可以通过配置文件进行设置。当请求频率或请求问题达到不合理阈值时，阻止访问
考试数据	参加考试人员	窃取试题	强化老师、运营人员的密码策略，对操作进行记录
	参加考试人员	非法查看他人考试结果	强化学生的密码策略
	参加考试人员	篡改考试结果	强化老师、运营人员的密码策略，对操作进行记录
师生个人信息	内部运营人员	泄露	在应用系统中增加操作日志审计，对数据库用户和密码进行强化管理，引入数据库审计系统

4）兼容性

操作系统和数据库已经基于兼容性需求来体现，其余方面按照兼容性需求中的要求进行开发即可。

5）可扩展性

暂无可考虑事项。

6）可伸缩性

关于容量，各数据型服务器均可容纳 24 块 2.5 英寸的磁盘，但初期仅使用 3 块磁盘，后续扩容时优先进行本地磁盘扩容。磁盘均采用 LVM 方式进行分区，以确保将来可在线扩容，不需要停机维护，应用程序无感知。对象存储服务器初期满配 12 块 3.5 英寸的机械硬盘，后续通过固有的增加机器的方式扩容。

关于性能，需要通过增加机器进行伸缩。

5.3.5 技术选型定义

技术选型定义如表 5-23 所示。

表 5-23 技术选型定义

分　类	项　目	技术选型	版　本	选型的理由
操作系统	服务器操作系统	CentOS	7.9	主流服务端操作系统
数据库	关系数据库	PostgreSQL	11.0	主流开源关系数据库
	文档数据库	MongoDB Community Server	4.4.24	主流文档数据库
	数据仓库	GreenPlum	6.3.0	基于 PostgreSQL 的 MPP 数据库
中间件	7 层负载均衡	Nginx	1.16.1	用于 HTTP 协议的负载均衡软件
	HA 软件	Keepalived	2.0.19	主流 HA 组件
	对象存储	MinIO	2019-12-30T05-45-39Z	架构极简的对象存储系统
	全文检索	Elasticsearch	7.5.1	主流全文检索引擎
	消息队列	RocketMQ	4.6.0	主流消息队列
	服务注册中心	Nacos	1.1.4	主流服务注册中心
	链路追踪	SkyWalking	6.6.0	主流链路追踪
开发语言 SDK	Java SDK	OpenJDK	1.8.0	开源版 JDK
开发工具	后端工程 IDE	Eclipse	2019-12	主流 Java 项目开发工具
	前端工程 IDE	VSCode	1.41.0	综合 IDE,可开发前端工程
开发框架与程序库	Java 框架	Spring	5.2.0	主流轻量级 Java 开发框架
	数据库访问	Hibernate	5.2	主流 ORM 框架之一,开发效率高
	接口服务	Jersey	2.27	主流 RESTful 框架
	前端框架	Vue	2	主流前端框架

5.3.6　开发组件定义

开发组件定义如表 5-24 所示。

表 5-24　开发组件定义

分 类	组 件		形 态	开发语言	运行环境	代码工程名
	物 理 名	文 件 名				
业务服务	excecise-service	excecise-service.jar	可执行 JAR	Java	Linux	excecise-service
	homework-service	homework-service.jar	可执行 JAR	Java	Linux	homework-service
	exam-service	exam-service.jar	可执行 JAR	Java	Linux	exam-service
	question-service	question-service.jar	可执行 JAR	Java	Linux	question-service
定时任务	recommend-task	recommend-task.jar	可执行 JAR	Java	Linux	recommend-task
前端	ilearn-web	ilearn-web	静态 Web 页面	JavaScript	Browser	ilearn-web
	iLearnScan	iLearnScan.exe	Windows 应用	C++	Windows	iLearnScan

5.3.7　部署组件定义

部署组件定义如表 5-25 所示。

表 5-25　部署组件定义

分 类	组件物理名	自 有 机 房									各地运营办公室
		网关服务器	应用服务器	数据库服务器	文档数据库服务器	中间件服务器	全文检索服务器	对象存储服务器	AI服务器	数据仓库服务器	扫描工作站
		2 台	3 台	3 台	3 台	3 台	3 台	4 台	3 台	4 台	N 台
第三方组件	Nginx	A	—	—	—	—	—	—	—	—	—
	Keepalived	A	—	—	—	—	—	—	—	—	—
	APISIX	A	—	—	—	—	—	—	—	—	—
	OpenJDK	—	A	—	—	A	A	—	—	—	—
	PostgreSQL	—	—	A	—	—	—	—	—	—	—
	MongoDB	—	—	—	A	—	—	—	—	—	—
	GreenPlum	—	—	—	—	—	—	—	—	A	—
	RocketMQ	—	—	—	—	A	—	—	—	—	—
	Redis	—	—	—	—	A	—	—	—	—	—
	MinIO	—	—	—	—	—	—	A	—	—	—
	Elasticsearch	—	—	—	—	—	A	—	—	—	—
	Nacos	—	—	—	—	A	—	—	—	—	—

续表

分　　类	组件物理名	自 有 机 房									各地运营办公室
		网关服务器	应用服务器	数据库服务器	文档数据库服务器	中间件服务器	全文检索服务器	对象存储服务器	AI服务器	数据仓库服务器	扫描工作站
		2台	3台	3台	3台	3台	3台	4台	3台	4台	N台
可复用组件	用户服务	—	A	—	—	—	—	—	—	—	—
	题库服务	—	A	—	—	—	—	—	—	—	—
	AI服务	—	—	—	—	—	—	—	A	—	—
开发的服务端组件	Exercise-service	—	A	—	—	—	—	—	—	—	—
	Homework-service	—	A	—	—	—	—	—	—	—	—
	Exam-service	—	A	—	—	—	—	—	—	—	—
	Question-service	—	A	—	—	—	—	—	—	—	—
	Recommend-task	—	A	—	—	—	—	—	—	—	—
开发的前端组件	Static-web	A	—	—	—	—	—	—	—	—	—
	Scan-client	—	—	—	—	—	—	—	—	—	A

注："A"表示在该类型服务器上全部部署，"—"表示不部署。

5.3.8　功能模块定义

功能模块定义如表 5-26 所示。

表 5-26　功能模块定义

功能分类	功　能	模　　块	功能形态	所属代码工程
题目练习	浏览题库	查看题库界面	HTML	前端 Web
		查看题库目录接口	REST 服务	题库服务
		查看题目信息接口	REST 服务	题库服务
		查看题目答案接口	REST 服务	题库服务
		获取推荐题目清单接口	REST 服务	练习服务
	题目练习	题目练习界面	HTML	前端 Web
		提交答题结果接口	REST 服务	练习服务
		查看答题结果界面	HTML	前端 Web
		获取答题结果接口	REST 服务	练习服务
	题库管理	题库管理界面	HTML	后台管理 Web
		新增题目接口	REST 服务	题库服务
		修改题目接口	REST 服务	题库服务
		删除题目接口	REST 服务	题库服务

功能分类	功能	模块	功能形态	所属代码工程
作业	老师	布置作业界面	HTML	前端 Web
		布置作业接口	REST 服务	作业服务
		查看作业提交界面	HTML	前端 Web
		查看作业提交接口	REST 服务	作业服务
		批改作业界面	HTML	前端 Web
		提交作业评价接口	REST 服务	作业服务
	学生	查看作业界面	HTML	前端 Web
		查看作业接口	REST 服务	作业服务
		拍照上传界面	HTML	前端 Web
		提交作业接口	REST 服务	作业服务
		查看作业评价界面	HTML	前端 Web
		获取作业评价接口	REST 服务	作业服务
	家长	查看作业情况界面	HTML	前端 Web
		查看作业情况接口	REST 服务	作业服务
考试	老师	新建考试界面	HTML	前端 Web
		新建考试接口	REST 服务	考试服务
		新建试卷界面	HTML	前端 Web
		新建试卷接口	REST 服务	考试服务
		选题组卷界面	HTML	前端 Web
		搜索题目接口	REST 服务	考试服务
		添加试题接口	REST 服务	考试服务
		查看阅卷中间结果界面	HTML	前端 Web
		查看阅卷中间结果接口	REST 服务	考试服务
		阅卷界面	HTML	前端 Web
		提交阅卷结果接口	REST 服务	考试服务
		生成考试结果模块	类	考试服务
	运营	查看老师组卷情况界面	HTML	前端 Web
		下载试卷电子版接口	REST 服务	考试服务
		扫描试卷界面	HTML	扫描客户端
		上传扫描试卷接口	REST 服务	考试服务
		设置阅卷策略界面	HTML	前端 Web
		设置阅卷策略接口	REST 服务	考试服务
		阅卷管理界面	HTML	前端 Web
		启动阅卷接口	REST 服务	考试服务
	学生	查看考试结果界面	HTML	前端 Web
		获取考试结果接口	REST 服务	考试服务

续表

功能分类	功 能	模 块	功能形态	所属代码工程
考试	家长	查看考试情况界面	HTML	前端 Web
		查看考试情况接口	REST 服务	考试服务
	系统	客观题阅卷模块	类	考试服务
		主观题阅卷模块	类	考试服务
推荐	错题推荐	推荐任务	JAR	recommend-task
总体	首页	首页	HTML	前端 Web
	登录注销	登录界面模块	HTML	前端 Web
		登录接口	REST 服务	用户服务
		注销接口	REST 服务	用户服务
	主界面	主界面	HTML	前端 Web
	菜单	菜单模块	HTML	前端 Web
		菜单获取接口	REST 服务	用户服务
运营管理	首页	首页	HTML	后台管理 Web
	登录注销	登录界面模块	HTML	后台管理 Web
		登录接口	REST 服务	用户服务
		注销接口	REST 服务	用户服务
	主界面	主界面	HTML	后台管理 Web
	菜单	菜单模块	HTML	后台管理 Web
		菜单获取接口	REST 服务	用户服务
	学校注册	学校注册界面	HTML	后台管理 Web
		学校注册接口	REST 服务	用户服务
	班级导入	班级导入界面	HTML	后台管理 Web
		班级导入接口	REST 服务	用户服务
	老师导入	老师导入界面	HTML	后台管理 Web
		老师导入接口	REST 服务	用户服务
	学生导入	学生导入界面	HTML	后台管理 Web
		学生导入接口	REST 服务	用户服务
	家长导入	家长导入界面	HTML	后台管理 Web
		家长导入接口	REST 服务	用户服务

5.3.9 案例小结

本案例为一个全国性互联网站系统的初始版本设计。与企业级项目相比，该系统的用户在地点上比较分散，网络情况复杂，用户数量多，性能压力大，数据容量大，可伸缩性要求高。整个架构会随着业务的发展，基于一个初始架构不断演进，需要满足访问量、数据量不断增长的需求。在设计初始版本时，由于业务发展前景尚不明朗，投入也有限，不太可能一步到位设计一个能沿用很多年的架构，因此在正常情况下先按一年设计，之后逐渐演进。5.4 节介绍的案例将展示 3 年后架构演进相关的增量设计。

5.4 某全国性教育网站系统 2.0

5.4.1 项目背景

由于业务发展良好，签约学校增加到上万所，承载的数据量、访问量均呈现直线上升趋势，因此系统架构也需要演进，以适应需求的变化。

5.4.2 业务理解

业务的内容并无变化，仅业务量有所增加，此处不再赘述。

5.4.3 需求确认

系统的功能性需求也无变化，主要是随着签约学校的增多，用户数量不断增加，在非功能性需求方面出现了较大的变化。

1）可用性

系统的可用性无变化，仍然为 99.9%。

2）性能

根据上线一年后业务发展的速度预估，3 年内业务规模将达到 5000 所学校，共 250 万名师生用户。系统的响应时间要求无变化。

3）安全性

由于业务发展较快，面临竞争对手的攻击，因此需要加大安全防护，以保障系统运行的稳定性和数据的安全性。

4）兼容性

系统的兼容性无变化。

5）可扩展性

系统的可扩展性无变化。

6）可伸缩性

一方面，随着性能压力的增大，需要进行扩容；另一方面，伸缩性要求变高。与答题、作业业务相比，考试业务具有明显的高峰期，每个学期的期中、期末有几天为高峰期，其他时间业务量较小。在考试期间，阅卷业务的资源消耗较大，如果准备足够的硬件资源，平时就会闲置，所以需要考虑阅卷的弹性，以免平时占用大量硬件资源。

5.4.4 架构设计

首先进行需求确认。功能性需求无变化；在非功能性需求中，性能需求增长为初期设计的 3 倍，安全性需求增加，可伸缩性要求变高，架构的演进将着眼于解决这几方面的问题。设计的输入是系统的实际运行情况，通过系统总入口的访问日志可以分析出实际访问量，通过监控系统可以了解各台服务器的资源使用情况，通过运营系统可以了解各个业务的实际使用情况。需求的变化和系统的运行现状是本次架构设计的基础。

本次架构设计并非从零开始，而是基于 1.0 版本的架构进行演进。在开始本项目的设计之前，可以先考虑通用的架构演进有哪些形式。架构演进其实就是围绕架构中的各个要素和关系进行的。架构演进形式总结如表 5-27 所示（本项目将涉及其中的一部分形式）。

表 5-27 架构演进形式总结

方　　面	形　　式	效　　果	设 计 阶 段
软件	组件升级	修复 Bug（错误）、修复漏洞、获得新功能	物理设计
	组件变更	解决非功能性问题	物理设计
	组件新增	承载新功能、解决非功能性问题	逻辑设计
硬件	现有机器配置升级	提升性能	物理设计
	新增机器	提升性能、承载新组件	物理设计
	缩减机器	节约成本	物理设计
地点	新增地点	解决可用性问题、可伸缩性问题	逻辑设计
网络	增加带宽	解决网络吞吐率不足问题	物理设计
	增加网络	解决新增地点内部署内容的通信	物理设计
软件-软件	组件拆分	解决可维护性问题、性能问题	物理设计
	组件合并	解决可维护性问题、降低资源占用	物理设计
	组件间关系调整	直接通信改为通过消息队列通信，以解耦	物理设计
网络-网络	增加线路或机制	解决不同网络间的通信问题	物理设计
软件-硬件	调整部署	解决非功能性需求	物理设计
硬件-网络	增加连接带宽	提高通信效率	物理设计

1. 逻辑架构

为了应对性能需求、安全性需求、可伸缩性需求的增加，可以考虑对逻辑架构进行升级。2.0 版本逻辑架构如图 5-64 所示。

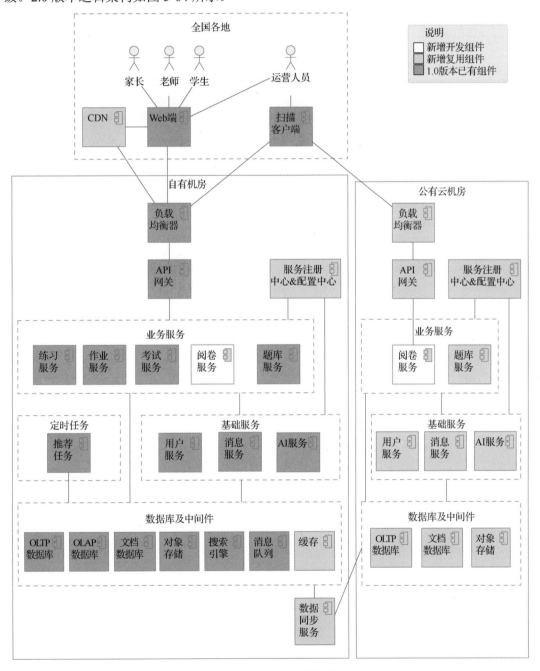

图 5-64 2.0 版本逻辑架构

2.0 版本逻辑架构演进说明如表 5-28 所示。

表 5-28　2.0 版本逻辑架构演进说明

架构演进形式	元　　素	演　进　目　的
新增地点	公有云机房	为了解决阅卷业务的弹性问题，需要借助公有云的弹性能力，在高峰期临时部署大量资源，低谷期释放，以节约成本
新增组件	缓存	为了提升后端处理能力，缓解数据库服务器压力，可以引入缓存组件
	CDN	为了降低客户端响应时间，降低主机房外网带宽压力，节约网络带宽成本，可以引入 CDN 服务，将静态资源缓存到与用户接近的地点
	数据同步服务	由于将大部分阅卷业务能力迁移到了新增的公有云机房，阅卷结果数据需要同步至主机房，因此需要新增数据同步服务
变更组件	考试服务	阅卷功能从其中独立出去
	服务注册中心&配置中心	由于性能压力和服务实例的增加，配置工作变得烦琐，需要通过配置中心将配置集中管理起来，以降低配置的维护工作量
组件拆分	阅卷服务	为了解决阅卷业务的弹性问题，将阅卷服务从考试服务中独立出来，可以将该服务及其依赖的其他组件部署在公有云机房，以应对业务高峰

2．系统流程

1）阅卷

2.0 版本阅卷流程如图 5-65 所示。在引入公有云的弹性资源后，阅卷服务具有两个入口，所以需要进行分流。首先由运营人员对考试设置阅卷策略，定义其处理的机房，之后扫描客户端在启动时获取入口地址，向指定的机房提交扫描结果进行处理。此流程只反映了与 1.0 版本的变化之处，未体现完整的处理流程，请求到达阅卷服务后，与之前的处理一致，调用各自机房内的题库服务和 AI 服务完成阅卷。

2）阅卷数据同步

阅卷数据同步流程如图 5-66 所示，由数据同步服务监视公有云上阅卷结果数据的增量，并将其同步至中心机房。查看阅卷结果统一在中心机房处理，与 1.0 版本的流程一致。

3．物理架构

2.0 版本物理架构如图 5-67 所示。

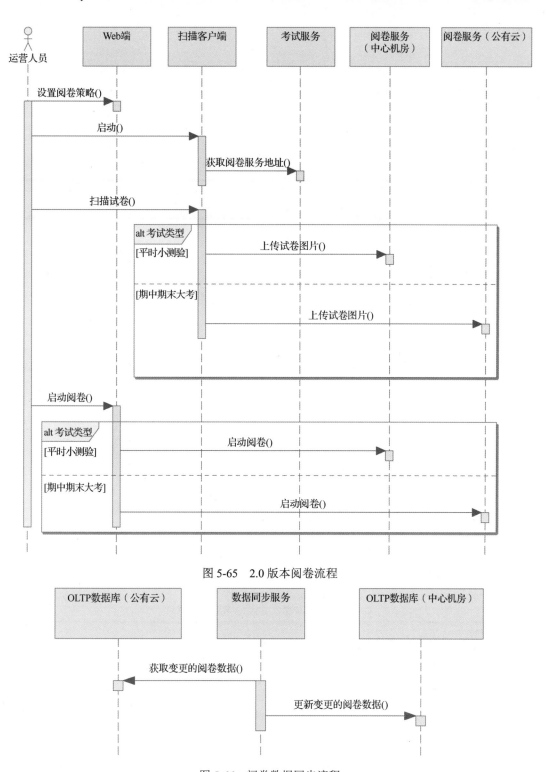

图 5-65 2.0 版本阅卷流程

图 5-66 阅卷数据同步流程

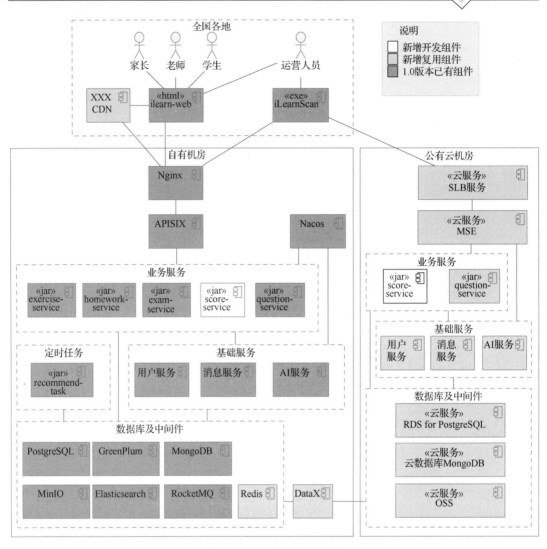

图 5-67 2.0 版本物理架构

2.0 版本物理架构演进说明如表 5-29 所示。

表 5-29 2.0 版本物理架构演进说明

架构演进类型	元　　素	说　　　明
新增地点	XXX 公有云 YYY 机房	主流云服务厂商之一，服务稳定可靠
新增组件	Redis	主流缓存组件
	XXX CDN	经过对比发现，该厂商的 CDN 产品性价比较高
	Score-service	从考试服务中独立出来的阅卷服务
	DataX	主流开源数据同步组件
	SLB	上公有云后该服务可代替 Nginx
	MSE	上公有云后该服务可代替 Nacos
	RDS for PostgreSQL	上公有云后该服务可代替 PostgreSQL

续表

架构演进类型	元　素	说　明
新增组件	云数据库 MongoDB 版	上公有云后该服务可代替 MongoDB
	OSS	上公有云后该服务可代替 MinIO
变更组件	exam-service	阅卷功能从其中独立出去
	Nacos	启用其配置中心功能

4．部署架构

1）组件部署

2.0 版本组件部署图如图 5-68 所示。

图 5-68　2.0 版本组件部署图

2）服务器部署

2.0 版本服务器部署图如图 5-69 所示。

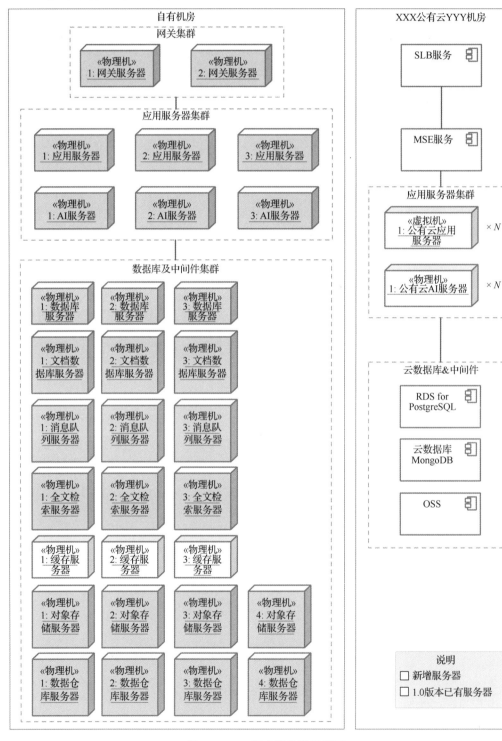

图 5-69　2.0 版本服务器部署图

新增服务器配置如表 5-30 所示。其中，RDS for PostgreSQL、云数据库 MongoDB 虽然是组件，但实际上由虚拟机承载，需要指定承载的机器规格。SLB、MSE、OSS 不对应虚拟机，无须指定规格。

表 5-30　新增服务器配置

服　务　器		缓存服务器	公有云应用服务器	公有云 AI 服务器	RDS for PostgreSQL	云数据库 MongoDB
CPU	主频/GHz	2.2		2.3		
	数量/个	2		2		
	核数	10	16	12	16	16
内存	规格	DDR4		DDR4		
	频率/MHz	2400		2400		
	单条容量/GB	16		16		
	数量/条	12		12		
	总容量/GB	192	32	192	128	128
网卡	速度/（Gbit/s）	10	10	10	10	10
	数量/块	2	1	2	1	1
GPU	数量/个			2		
磁盘组 1	类型	10 000r/min	10 000r/min	10 000r/min	10 000r/min	10 000r/min
	容量/GB	600		600		
	数量/个	2		2		
	RAID	1		1		
	总容量/GB	600	600	600	600	600
磁盘组 2	类型		10 000r/min	7200r/min	SSD	SSD
	容量/GB			6000		
	数量/个			4		
	RAID			10		
	总容量/TB		0.6	12	1.6	1.6

本次架构演进还需要解决网络架构问题，即数据同步组件通过虚拟专用网络访问公有云上的数据库，在获取数据后经中心机房业务内网将数据同步至中心机房主数据库。2.0 版本数据同步网络架构如图 5-70 所示，其中实线代表网络连接关系，虚线箭头代表逻辑访问关系。

5．非功能特性设计

1）可用性

2.0 版本无新增措施。

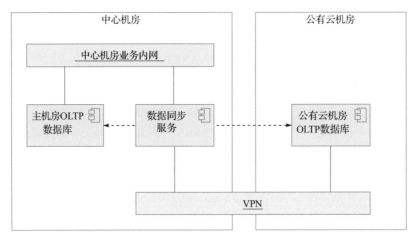

图 5-70　2.0 版本数据同步网络架构

2）性能

通过增加后端缓存来缓解数据库压力。

通过增加 CDN 前端静态资源缓存来降低前端响应时间，以及节约主机房外网带宽。

3）安全性

由于业务竞争加剧，DDoS 攻击时有发生，因此在入口增加高防 IP 服务。

将静态资源缓存到 CDN 后，存在数据被批量爬取的风险，将文件名设计为不可猜测的字符串，使爬虫不可能批量获取，并且获取少量文件后也无意义。同时加强数据库防护，保障题库信息数据不会被泄露。

4）兼容性

2.0 版本的兼容性无变化。

5）可扩展性

略。

6）可伸缩性

通过公有云进行伸缩，将阅卷服务从原考试服务中独立出来，在主机房和公有云机房分别部署，主机房处理日常业务流量，考试高峰期阅卷业务在公有云上处理。

5.4.5　技术选型定义

在架构演进过程中，技术选型发生变化的情况还是比较多的，可能会引入新的组件，已有组件也会由于存在 Bug、要修补安全漏洞而进行升级。2.0 版本技术选型定义如表 5-31 所示，此表为完整的技术选型，其中有变化的部分用灰色进行标注。

表 5-31 2.0 版本技术选型定义

分 类	项 目	技 术 选 型	版 本	选型的理由
操作系统	服务器操作系统	CentOS	最新稳定版	主流服务端操作系统
数据库	关系数据库	PostgreSQL	最新稳定版	主流开源关系数据库
	文档数据库	MongoDB Community Server	最新稳定版	主流文档数据库
	云数据库关系型	RDS for PostgreSQL	最新稳定版	云服务厂商托管，稳定可靠，易于运维
	云数据库文档型	云数据库 MongoDB	最新稳定版	云服务厂商托管，稳定可靠，易于运维
	数据仓库	GreenPlum	最新稳定版	基于 PostgreSQL 的 MPP 数据库
中间件	7 层负载均衡	Nginx	最新稳定版	用于 HTTP 协议的负载均衡软件
	HA 软件	Keepalived	最新稳定版	主流 HA 组件
	缓存	Redis	最新稳定版	主流缓存组件
	对象存储	MinIO	最新稳定版	架构极简的对象存储系统
	全文检索	Elasticsearch	最新稳定版	主流全文检索引擎
	消息队列	RocketMQ	最新稳定版	主流消息队列
	服务注册中心&配置中心	Nacos	最新稳定版	主流服务注册中心，本次启用其配置中心功能，并且对版本进行了升级
	数据同步	DataX	最新稳定版	主流开源数据同步工具
	云服务-负载均衡	SLB	当前版本	XXX 云服务厂商主推产品
	云服务-微服务	MSE	当前版本	XXX 云服务厂商主推产品
	云服务-对象存储	OSS	当前版本	XXX 云服务厂商主推产品
	链路追踪	SkyWalking	最新稳定版	主流链路追踪
开发语言 SDK	Java SDK	OpenJDK	最新稳定版	开源版 JDK
开发工具	后端工程 IDE	Eclipse	最新稳定版	主流 Java 项目开发工具
	前端工程 IDE	VSCode	最新稳定版	综合 IDE，可开发前端工程
开发框架与程序库	Java 框架	Spring	最新稳定版	主流轻量级 Java 开发框架
	数据库访问	Hibernate	最新稳定版	主流 ORM 框架之一，开发效率高
	接口服务	Jersey	最新稳定版	主流 RESTful 框架
	前端框架	Vue	最新稳定版	主流前端框架
前端缓存	CDN	XXX CDN 服务	最新稳定版	国内主流 CDN 厂商

5.4.6 开发组件定义

开发组件的变化体现为只是新增了阅卷服务。2.0 版本新增开发组件定义如表 5-32 所示。

表 5-32　2.0 版本新增开发组件定义

分类	组件		形态	开发语言	运行环境	代码工程名
	物理名	文件名				
业务服务	score-service	score-service.jar	可执行 JAR	Java	Linux	score-service

5.4.7　部署组件定义

2.0 版本部署组件定义如表 5-33 所示。

表 5-33　2.0 版本部署组件定义

分类	组件物理名	自有机房									公有云机房		各地运营办公室
		网关服务器	应用服务器	数据库服务器	文档数据库服务器	中间件服务器	全文检索服务器	对象存储服务器	AI服务器	数据仓库服务器	应用服务器	AI服务器	扫描工作站
		2台	3台	3台	3台	3台	3台	4台	3台	4台	N台	N台	N台
第三方组件	Nginx	A	—	—	—	—	—	—	—	—	—	—	—
	Keepalived	A	—	—	—	—	—	—	—	—	—	—	—
	APISIX	A	—	—	—	—	—	—	—	—	—	—	—
	OpenJDK	—	A	—	—	A	A	—	—	—	—	—	—
	PostgreSQL	—	—	A	—	—	—	—	—	—	—	—	—
	DataX	—	—	A	—	—	—	—	—	—	—	—	—
	MongoDB	—	—	—	A	—	—	—	—	—	—	—	—
	GreenPlum	—	—	—	—	—	—	—	—	A	—	—	—
	RocketMQ	—	—	—	—	A	—	—	—	—	—	—	—
	Redis	—	—	—	—	A	—	—	—	—	—	—	—
	MinIO	—	—	—	—	—	—	A	—	—	—	—	—
	Elasticsearch	—	—	—	—	—	A	—	—	—	—	—	—
	Nacos	—	—	—	—	A	—	—	—	—	—	—	—
可复用组件	用户服务	—	A	—	—	—	—	—	—	—	A	—	—
	消息服务	—	A	—	—	—	—	—	—	—	A	—	—
	AI 服务	—	—	—	—	—	—	—	A	—	—	A	—
开发的服务端组件	exercise-service	—	A	—	—	—	—	—	—	—	—	—	—
	homework-service	—	A	—	—	—	—	—	—	—	—	—	—
	exam-service	—	A	—	—	—	—	—	—	—	—	—	—
	score-service	—	A	—	—	—	—	—	—	—	A	—	—
	question-service	—	A	—	—	—	—	—	—	—	A	—	—
	recommend-task	—	A	—	—	—	—	—	—	—	—	—	—

续表

分类	组件物理名	自有机房									公有云机房		各地运营办公室
		网关服务器	应用服务器	数据库服务器	文档数据库服务器	中间件服务器	全文检索服务器	对象存储服务器	AI服务器	数据仓库服务器	应用服务器	AI服务器	扫描工作站
		2台	3台	3台	3台	3台	3台	4台	3台	4台	N台	N台	N台
开发的前端组件	static-web	A	—	—	—	—	—	—	—	—	—	—	—
	scan-client	—	—	—	—	—	—	—	—	—	—	—	A

注:"A"表示在该类型服务器上全部部署,"—"表示不部署。

5.4.8 功能模块定义

2.0 版本功能模块划分无变化,此处不再赘述。

5.4.9 案例小结

本案例为一个自运营网站系统的架构升级,体现了架构演进的来龙去脉。为了精简内容,突出演进的部分,本节仅描述了架构的变化。在实际工作中,需要基于老版本架构设计文档进行修改,输出完整的变更后的架构设计版本,在变更履历中描述修订内容概要。架构演进是自运营互联网站型项目的常态,需要注意设计与实现的一致性,以及对架构设计文档进行版本化管理。

5.5 某大型解决方案项目总体设计

5.5.1 项目背景

大型解决方案项目通常是为了解决客户的重要业务问题。从规模上来看,大型解决方案项目涉及的投资较大,通常在 1000 万元以上;从时间上来看,大型解决方案项目的实施周期较长,往往在半年以上;从人员上来看,大型解决方案项目需要的人员众多,可能为数十人;从实现方式来看,大型解决方案项目的特点是基于某个产品基线,集成若干生态厂商的产品,加上一定的定制开发,最终实现整个系统;从设计上来看,大型解决方案项目的总体设计需要一次性完成,子系统的设计可以在总体设计完成后按照项目推进计划分阶段进行。

本案例是一个省级政府项目,立项背景是省级政府有很多个部门,为了保证各个部门业务的开展，分别构建了各自的信息系统，这些系统在设计上没有统一的规范，在开发上使用不同的技术，在运行上使用不同的基础设施，存在资源浪费、难以管理、难以互通、开发效率不高等问题。现在需要建设一个统一的大平台，使各个部门的信息系统从立项开始就被统一管理，整个生命周期由平台支撑，包括立项、开发、测试、运行和下线，使设计能够更规范、开发效率更高、测试效率更高、资源管理更统一、资源和项目建设费用更低。

5.5.2 业务理解

在业务理解方面，需要从宏观上总体理解。大型解决方案项目通常是为了解决较大的业务问题而立项的，这就需要明确其意义是什么，主要流程是什么，对现有情况优化了多少，有多大价值。

1. 领域模型

领域模型如图 5-71 所示。政府部门需要建立项目，该项目的成果通常是一个应用。应用按开发方式可分为常规应用和低代码应用，按照状态可分为代码状态、制品状态和运行期进程状态。在代码状态下应用的形态为代码工程，需要通过代码仓库来管理。通过构建可以将代码转换为制品，由制品仓库来管理。制品在部署并启动后成为进程状态，需要云资源来支撑。应用在运行期可能会依赖某些组件，这些组件由组件提供商维护。该领域模型为整个项目的顶层领域模型，对整个项目要解决的核心问题进行了最高层次的抽象。

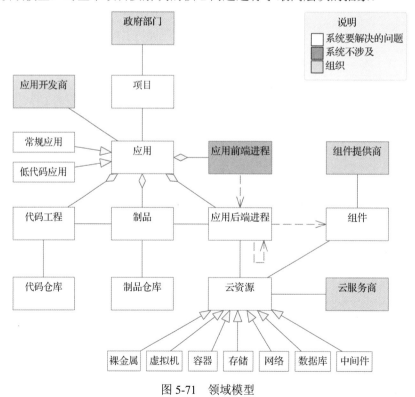

图 5-71 领域模型

2．业务对象

系统涉及的各类业务对象如图 5-72 所示。其中，将本系统命名为 AIO 平台。

图 5-72　系统涉及的各类业务对象

3．业务用例

1）政府部门相关

所有业务起始于某个政府部门的项目，相关业务用例如图 5-73 所示。在定义好项目之后才能进一步定义项目的应用，进而进行应用开发和最终上线运行。

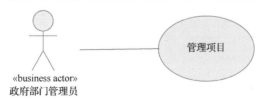

图 5-73　相关业务用例

2）应用厂商相关

应用的开发与管理是主线业务。应用分为常规应用和低代码应用两类。常规应用的开发仍然采用传统方式，平台仅支撑其代码管理、制品构建、制品管理和部署发布，开发过程仍然是本地开发；低代码应用全程基于平台在线开发、调试、部署和运行。常规应用管理相关业务用例如图 5-74 所示，低代码应用相关业务用例如图 5-75 所示。

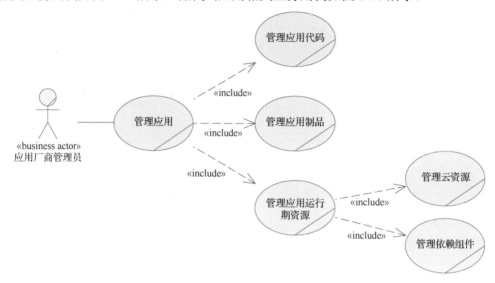

图 5-74　常规应用管理相关业务用例

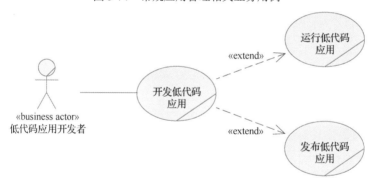

图 5-75　低代码应用相关业务用例

3）组件厂商相关

组件厂商相关业务用例如图 5-76 所示。

图 5-76　组件厂商相关业务用例

4）机房相关

客户采用指定机房，这些机房均已经建设私有化云平台，并且是云平台的实际管理者。机房相关业务用例如图 5-77 所示。

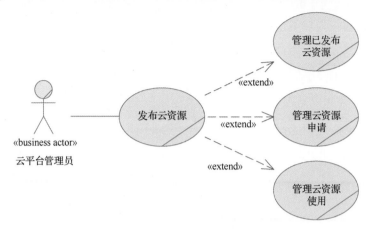

图 5-77　机房相关业务用例

5）应用相关

前面的用例其实都是一些准备性工作，都是为最终应用的运行而服务的，整个业务的常态化使用还是应用的运行。应用相关业务用例虽然不是人发起的，但是是最主要的用例。应用相关业务用例如图 5-78 所示。

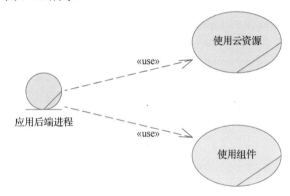

图 5-78　应用相关业务用例

6）AIO 平台相关

AIO 平台管理员相关业务用例如图 5-79 所示。整个平台由 AIO 平台运营单位负责运营管理，运营管理也是常态化使用的用例。

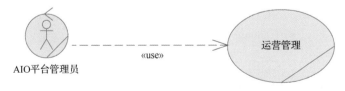

图 5-79　AIO 平台管理员相关业务用例

4．业务流程

如果是一般规模项目，现在就可以直接分析业务流程。但是因为本项目规模较大，每个用例展开分析都较为复杂，所以需要专人先调查现状再设计新流程。因此，不在总体设计中体现业务流程分析工作，而是放到各个子系统的设计中进行。总体设计中仅粗略地描述应用相关的两个主线流程。

1）常规应用全生命周期流程

常规应用全生命周期流程如图 5-80 所示。常规应用的日常开发、构建和测试仍然是本地操作，但是上线后的正式版本的代码、制品及运行时的资源需要通过 AIO 平台管控。

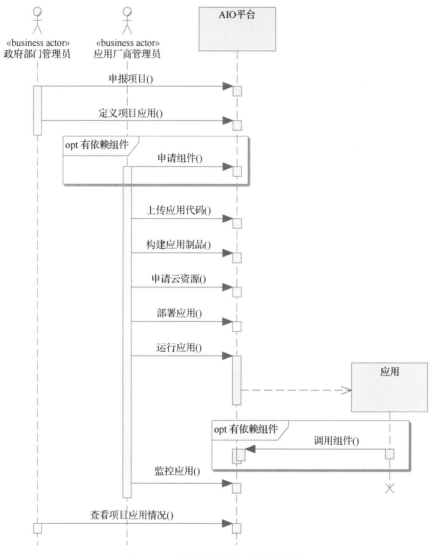

图 5-80　常规应用全生命周期流程

2）低代码应用全生命周期流程

低代码应用全生命周期流程如图 5-81 所示。低代码应用基于 AIO 平台进行开发、构建、部署和运行，并且运行不需要额外申请云资源。

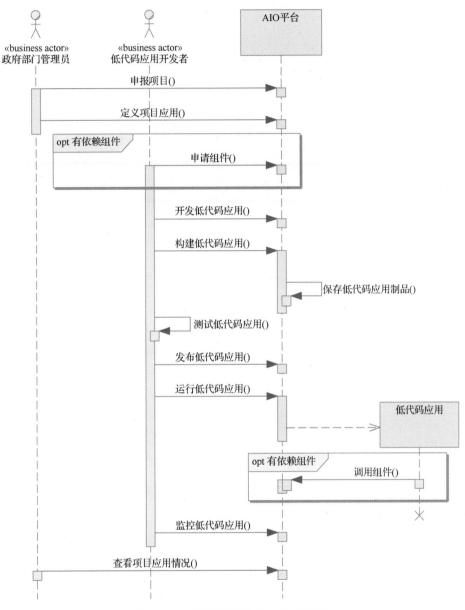

图 5-81　低代码应用全生命周期流程

5.5.3　需求确认

功能性需求主要在各个子系统中体现，非功能性需求在总体需求中进行统一描述，各个子系统可进行个性化定义。

1．系统上下文

总体设计中定义了完整的系统上下文，各个子系统的系统上下文只能是总体系统上下文中元素的子集，不能出现总体系统上下文中未出现过的元素。AIO 平台的系统上下文图如图 5-82 所示。

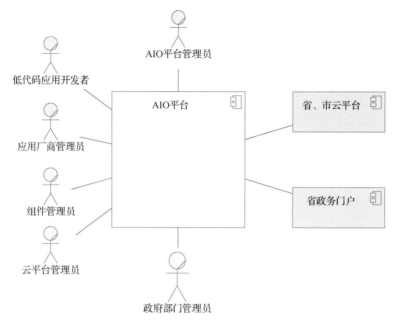

图 5-82　AIO 平台的系统上下文图

AIO 平台参与者地点分析如表 5-34 所示。

表 5-34　AIO 平台参与者地点分析

元　素	说　明	地　点
政府部门管理员	政府部门为项目所属单位，各自有各自的管理员	政务外网可访问地点
政务门户管理员	省大数据局维护的政务门户系统的管理员	政务外网可访问地点
项目审批者	省大数据局负责审批项目的人员	政务外网可访问地点
应用厂商管理员	略	政务外网可访问地点
低代码应用开发者	略	政务外网可访问地点
组件厂商管理员	略	政务外网可访问地点
机房云平台管理员	略	政务外网可访问地点
AIO 平台管理员	略	政务外网可访问地点
AIO 平台	略	省政务云机房
省云平台	略	省政务云机房
市云平台	略	各市政务云机房
省政务门户	全省政务应用的门户系统	政务应用的访问入口

2. 系统用例

AIO 平台的系统用例清单如表 5-35 所示。由于功能性需求比较多，因此总体设计中只粗略地列举了一级用例和少量二级用例，以便读者对整体功能性需求有大致的了解。在各个子系统的设计中，需要列举完整的用例。待子系统的用例明确后，此处可重新进行汇总，以便与子系统保持一致。

表 5-35　AIO 平台的系统用例清单

角　色	用　例	说　明
政府部门管理员	管理项目	管理本政府部门相关项目
	申报项目	立项申请
	设置项目相关应用	定义项目相关的应用
省大数据局项目审批者	审批项目	对各政府部门的立项申请进行审批
	查看已审批项目情况	查看项目的资源使用情况
省大数据局政务门户管理员	审批应用发布	略
	管理已发布应用	略
应用厂商管理员	管理应用	对项目相关的应用进行管理
	管理应用代码	略
	构建应用制品	略
	申请云资源	略
	申请组件	略
	部署应用	略
	发布应用	略
	运行应用	略
	监控应用	略
低代码应用开发者	开发低代码应用	略
	发布低代码应用	略
	运行低代码应用	略
	监控低代码应用	略
组件厂商管理员	发布组件	申请组件上架
	审批组件申请	略
	查看组件使用情况	略
机房云平台管理员	发布云资源	申请云资源上架
	审批云资源申请	略
	查看云资源使用情况	略
AIO 平台管理员	审批组件上架	略
	审批云资源上架	略
	查看平台运营数据	略
	设置运营规则	略
政务应用	使用组件	略

3．非功能性需求

1）可用性

系统的业务可以分为管理性业务和服务性业务，来自门户的访问是管理性的，政务应用对组件的访问是服务性的。AIO 平台业务特点分析如表 5-36 所示。政务业务的重要性都比较高，因此整个系统的可用性定义为 99.9%。

表 5-36　AIO 平台业务特点分析

业 务 类 型	重 要 性	紧 急 性	时 间 分 布
管理性	高	中	主要在工作日工作时间段
服务性	高	高	主要在工作日工作时间段，其他时间段也随时存在访问

2）性能

管理性业务的用户主要为政府工作人员、相关开发厂商人员，预估在 1 万个人左右。服务性业务的访问源为政务应用，用户数量为千万级。用户界面操作的平均响应时间定义为 3 秒以内，组件服务的平均响应时间定义为 1 秒以内。

3）安全性

整个系统按照等级保护三级标准进行安全体系建设。AIO 平台安全威胁分析如表 5-37 所示。

表 5-37　AIO 平台安全威胁分析

资 产	威 胁 来 源	威 胁 方 式	对应安全属性
组件网关	黑客	DDoS 攻击	可用性

4）兼容性

服务端兼容 x86_64 架构 CPU、Linux 操作系统、主流国产数据库；Web 端兼容 Chrome 浏览器，最低 1280 像素×800 像素的分辨率。

5）可扩展性

暂无。

6）可伸缩性

管理性业务不需要伸缩。组件服务随着组件访问的增长可能需要伸缩，组件网关及某些组件需要可伸缩。低代码应用相关资源随着开发、运行的增长可能需要伸缩。

5.5.4　架构设计

本系统规模大，业务和技术都较为复杂，需要进行二级甚至三级设计，但在总体设计中只能考虑到子系统粒度，每个子系统再由子系统架构师进行设计。整个架构设计团队由一名总架构师加上若干名子系统架构师构成。在完成总体架构设计后，任命若干名子系统架构师开展子系统架构设计工作。

1. 逻辑架构

基于领域模型中要解决的问题、已知地点、已知用户、市面上常见的数据库、中间件、市场上成熟的产品类型、主流架构模式，得出的 AIO 平台的逻辑架构如图 5-83 所示。整个布局通过地点进行切分，系统后台位于省政务云机房，前端的访问来自政务外网可访问的范围，需要对接的外部系统有省政务云机房其他区域的省云平台、省政务门户系统，以及各地市的云平台。当今主流架构模式为微服务架构、前后端分离，因此后端基于领域模型中要解决的问题分解为各个相关的子系统，前端统一在一个大门户中，运营门户单独提供。

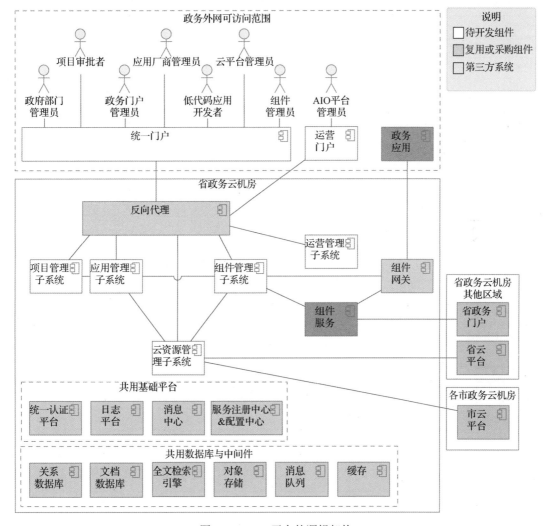

图 5-83　AIO 平台的逻辑架构

2．物理架构

由于逻辑架构中存在 6 个子系统，在当前阶段无法全部具体化，因此此处暂不绘制物理架构图，而是将其中能够具体化的内容单独描述。子系统仅仅是一个概念，运行期的子系统实际上是由多个进程构成的一个有机整体，可见的只是子系统中的组件，而不是整体。在总体设计中，只能对各个子系统的命名规范进行约定。在为各个子系统中的组件命名时需要遵循总体设计要求。AIO 平台子系统的命名规范如表 5-38 所示。

表 5-38　AIO 平台子系统的命名规范

子 系 统	英 文 名	组 件 前 缀
统一门户	aio-portal	aio-ptl
项目管理	aio-project-management	aio-pm
应用管理	aio-application-management	aio-apm
组件管理	aio-component-management	aio-cm
云资源管理	aio-cloud-resource-management	aio-crm
运营管理	aio-operation-management	aio-opm

对于逻辑架构中的共用基础平台、共用数据库与中间件，在技术选型中定义其具体实现。子系统的设计中如果出现新的共用组件，则可以将其补充到总体设计中。

3．部署架构

1）组件部署

由于本系统的组件较多，因此采用表格形式进行定义。AIO 平台组件部署如表 5-39 所示。

表 5-39　AIO 平台组件部署

服 务 器	类 型	组 件
反向代理服务器	物理机	Nginx 和 Keepalived
组件网关服务器	物理机	APISIX
数据库服务器	物理机	某商业数据库
MongoDB 服务器	物理机	MongoDB Community Server
对象存储服务器	物理机	MinIO
消息队列服务器	物理机	Kafka
缓存服务器	物理机	Redis
全文检索服务器	物理机	Elasticsearch
统一认证平台服务器	虚拟机	uap-platform（自研）
日志平台服务器	虚拟机	log-platform（自研）

续表

服 务 器	类 型	组 件
消息中心服务器	虚拟机	message-center（自研）
服务注册中心服务器	虚拟机	Nacos
XXX 应用服务器	虚拟机	各个子系统的后端组件

2）服务器部署

由于子系统设计尚未开展，因此在总体设计中服务器部署仅考虑共用的部分。AIO 平台服务器部署图如图 5-84 所示。

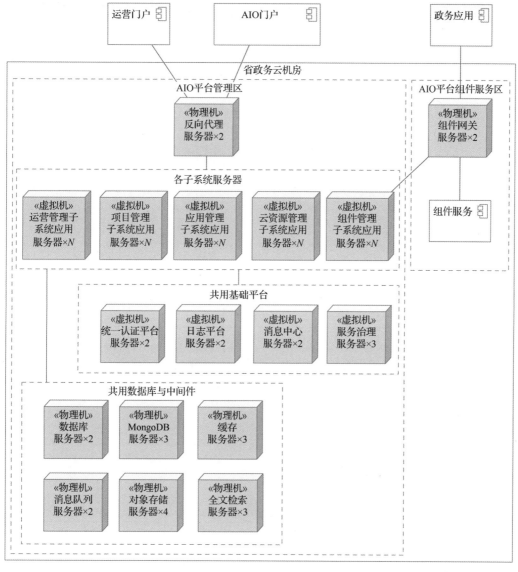

图 5-84　AIO 平台服务器部署图

3）服务器配置

共用数据库与中间件多为高网络 I/O 或高磁盘 I/O 型，需要物理机承载以保证性能。相关服务器的配置如表 5-40 和表 5-41 所示。

表 5-40 　AIO 平台物理服务器 CPU、内存和网卡的配置

物理服务器	CPU			内　　存			网　　卡	
	主频 /GHz	核　数	数量/个	单条容量 /GB	数量/条	总容量 /GB	速度 /（Gbit/s）	数量/块
反向代理服务器	2.3	12	1	16	6	96	1	2
数据库服务器	2.3	12	2	16	12	192	1	2
MongoDB 服务器	2.3	12	2	16	12	192	1	2
消息队列服务器	2.3	12	1	16	6	96	1	2
对象存储服务器	2.3	12	1	16	6	96	1	2
全文检索服务器	2.3	12	2	16	12	192	1	2
缓存服务器	2.3	12	2	32	12	384	1	2

表 5-41 　AIO 平台物理服务器磁盘的配置

物理服务器	磁　盘　组　1					磁　盘　组　2				
	类　型	容量 /GB	数量 /块	RAID	总容量 /GB	类　型	容量 /TB	数量 /块	RAID	总容量 /TB
反向代理服务器	SSD	240	2	1	240	SSD	0.8	2	1	0.8
达梦服务器	SSD	240	2	1	240	SSD	1.92	3	5	3.84
MongoDB 服务器	SSD	240	2	1	240	SSD	1.92	3	5	3.84
消息队列服务器	SSD	240	2	1	240	SSD	1.92	3	5	3.84
全文检索服务器	SSD	240	2	1	240	SSD	1.92	3	5	3.84
对象存储服务器	SSD	240	2	1	240	HDD	6	12		72
缓存服务器	SSD	240	2	1	240					

非高 I/O 型组件采用虚拟机，具体配置如表 5-42 所示。其中，各个子系统的应用服务器在子系统架构设计中体现，且原则上均采用虚拟机。

表 5-42 　AIO 平台虚拟服务器的配置

虚拟服务器	CPU	内　存	网　卡	磁　盘　1		磁　盘　2	
	核　数	容量/GB	速度/（Gbit/s）	类　型	容量/GB	类　型	容量/GB
统一认证平台服务器	8	16	1	HDD	50	HDD	100
日志平台服务器	8	16	1	HDD	50	HDD	100
消息中心服务器	8	16	1	HDD	50	HDD	100
服务治理服务器	8	16	1	HDD	50	HDD	100
各个子系统应用服务器	由各个子系统定义						

4）网络架构

网络架构可以在总体设计中确定主体内容，个别子系统可以在这个框架下再定义特定的内容，如云资源管理需要与各省市政务云管理平台打通。AIO 平台逻辑网络定义如表 5-43 所示。

表 5-43　AIO 平台逻辑网络定义

网　　络	说　　明
政务外网	可访问本系统的外部网络
AIO 平台管理网	面向管理的内部网络
AIO 平台组件服务网	面向组件服务的内部网络

AIO 平台网络连接定义如表 5-44 所示。

表 5-44　AIO 平台网络连接定义

运 行 环 境	AIO 平台管理网	AIO 平台组件服务网	政 务 外 网
反向代理服务器	连接		连接
组件网关服务器		连接	连接
组件管理子系统应用服务器	连接	访问	
其他服务器	连接		

4．非功能特性设计

在总体设计中进行通用非功能性需求定义，各个子系统如果有特定的要求可以另外定义。

1）可用性

反向代理服务器和组件网关服务器基于 Keepalived 做成主从模式。

各个子系统应用服务器上均为微服务，至少部署两个实例，并且基于 Nacos 实现高可用。

数据库服务器采用一主一从，设置主从同步和故障切换。

MongoDB 为三节点集群模式。

缓存为三节点集群模式。

消息队列为一主一从模式。

Elasticsearch 为一主两从模式。

对象存储 MinIO 初期采用四节点集群模式，数据存储策略为基于纠删码。

2）性能

关于硬件配置已经在服务器配置中体现。整个系统管理性用例的性能需求不高，相关组件相应服务器的配置已经一步到位。存在高访问量的主要是组件服务，不但组件网关要承受高网络 I/O，而且各个组件也要承受访问压力，具体在组件管理子系统中考虑。

3）安全性

AIO 平台用户的访问均来自政务外网，安全威胁总体不大。AIO 平台安全性设计如表 5-45 所示。

表 5-45　AIO 平台安全性设计

资　　产	威胁来源	威胁方式	应 对 策 略
组件服务	黑客	DDoS 攻击	入口增加防护设备

4）兼容性

操作系统和数据库已经基于兼容性需求来体现，其余方面按照兼容性需求的要求进行开发即可。

5）可扩展性

暂无可考虑事项。

6）可伸缩性

关于容量，各数据型服务器均为可容纳 24 块 2.5 英寸磁盘，初期仅使用 3 块磁盘，后续扩容时优先进行本地磁盘扩容。磁盘均采用 LVM 方式进行分区，以确保将来可在线扩容，不需要停机维护，应用程序无感知。对象存储服务器初期满配 12 块 3.5 英寸机械硬盘，后续通过固有的增加机器的方式扩容。

关于性能，需要通过增加机器进行伸缩。

5.5.5　技术选型定义

AIO 平台技术选型定义如表 5-46 所示。各个子系统首先要尽量复用总体设计中的共用数据库及中间件，如果需要单独的实例，则尽量采用总体设计中规定的软件和版本，采用不在总体设计中的技术需要与总体设计架构师沟通，并说明选型理由。

表 5-46　AIO 平台技术选型定义

分　类	项　　目	技 术 选 型	版　　本	选 型 理 由
操作系统	虚拟机操作系统	openEuler	22.03	虚拟机需要灵活创建，数量不固定，且需要控制成本，宜采用开源软件
	物理机操作系统	某国产操作系统	略	主流国产操作系统
数据库	关系数据库	某商业数据库	略	主流商业数据库
	文档数据库	MongoDB 社区版	4.4.16	主流文档数据库

续表

分　类	项　目	技术选型	版　本	选型理由
中间件	反向代理	Nginx	1.21.6	用于HTTP协议的负载均衡软件
	HA软件	Keepalived	2.2.7	主流HA组件
	对象存储	MinIO	20220218015010.0.0	架构极简的对象存储系统
	全文检索	Elasticsearch	7.16.3	主流全文检索引擎
	缓存	Redis	6.2.7	主流缓存中间件
	消息队列	Kafka	2.13-3.1.0	主流消息队列
	服务注册中心	Nacos	2.1.1	主流服务注册中心
开发语言SDK	Java SDK	OpenJDK	17.0.3	主流开源JDK

5.5.6　开发组件定义

在总体设计中定义规范，但具体组件在子系统中考虑。AIO平台开发组件定义如表5-47所示。

表5-47　AIO平台开发组件定义

分　类	组　件		形　态	开发语言	运行环境	代码工程名
	物　理　名	文　件　名				
前端	aio-ptl	aio-ptl	HTML	JavaScript	Browser	aio-ptl
	aio-opm-frontend	aio-opm-frontend	HTML	JavaScript	Browser	aio-opm-frontend
后端	aio-pm-*	aio-pm-*	可执行JAR	Java	Linux	aio-pm-*
	aio-apm-*	aio-apm-*	可执行JAR	Java	Linux	aio-apm-*
	aio-cm-*	aio-cm-*	可执行JAR	Java	Linux	aio-cm-*
	aio-crm-*	aio-crm-*	可执行JAR	Java	Linux	aio-crm-*
	aio-opm-*	aio-opm-*	可执行JAR	Java	Linux	aio-opm-*

5.5.7　部署组件定义

AIO平台部署组件定义如表5-48所示，其中列举的是共用组件，各个子系统的部署组件各自定义。

表5-48　AIO平台部署组件定义

分　类	组件物理名	省政务云机房										
		反向代理服务器	数据库服务器	MongoDB服务器	缓存服务器	消息队列服务器	对象存储服务器	全文检索服务器	服务治理服务器	统一认证平台服务器	日志平台服务器	消息中心服务器
		2台	2台	3台	3台	2台	4台	3台	2台	2台	2台	2台
第三方组件	Nginx	A	—	—	—	—	—	—	—	—	—	—
	Keepalived	A	—	—	—	—	—	—	—	—	—	—

续表

分 类	组件 物理名	省政务云机房										
		反向 代理 服务器	数据库 服务器	MongoDB 服务器	缓存 服务器	消息 队列 服务器	对象 存储 服务器	全文 检索 服务器	服务 治理 服务器	统一认 证平台 服务器	日志 平台 服务器	消息 中心 服务器
		2 台	2 台	3 台	3 台	2 台	4 台	3 台	2 台	2 台	2 台	2 台
第三方 组件	某商业数 据库	—	A	—	—	—	—	—	—	—	—	—
	MongoDB	—	—	A	—	—	—	—	—	—	—	—
	Redis	—	—	—	A	—	—	—	—	—	—	—
	Kafka	—	—	—	—	A	—	—	—	—	—	—
	MinIO	—	—	—	—	—	A	—	—	—	—	—
	Elasticsearch	—	—	—	—	—	—	A	—	—	—	—
	Nacos	—	—	—	—	—	—	—	A	—	—	—
自有可 复用 组件	统一认证 平台	—	—	—	—	—	—	—	—	A	—	—
	日志平台	—	—	—	—	—	—	—	—	—	A	—
	消息中心	—	—	—	—	—	—	—	—	—	—	A

注："A"表示在该类型服务器上全部部署，"—"表示不部署。

5.5.8　功能模块定义

总体设计无法细化到功能模块，但可以在各个子系统中考虑。

5.5.9　案例小结

本案例展示了大型解决方案项目的架构设计，明确了哪些内容在总体设计中体现，哪些内容在子系统的设计中体现，以及在设计子系统时要遵循哪些规范、受到哪些约束。在进行分级设计时，尤其需要注意粒度、边界、约束，以确保总体设计与下一级设计能够有序衔接，所有设计整体看来无遗漏、无重复、无冲突。

5.6　某大型解决方案项目子系统设计

5.6.1　项目背景

本系统是 5.5 节介绍的大型解决方案项目中的应用管理子系统。应用管理子系统在设计上要遵循总体设计的要求和规范，在各个环节的设计上要能够与总体设计进行衔接。

5.6.2 业务理解

子系统的业务理解需要基于总体设计的内容展开，对领域模型、业务对象、业务用例和业务流程进行细化。

1. 领域模型

应用管理子系统的领域模型如图 5-85 所示。此领域模型体现了应用的整个生命周期涉及的核心概念。应用的正式版本的代码需要纳入统一代码仓库进行管理，正式版本的制品需要纳入统一制品仓库进行管理，制品先要部署到测试环境中进行测试，得出测试环境测试报告，再部署到生产环境中进行测试，得出生产环境测试报告。其中，在各个环境下使用的云资源和组件服务需要事前申请。在生产环境中测试通过后才能发布到省政务门户系统中，成为正式发布的应用，从而被政务用户使用。

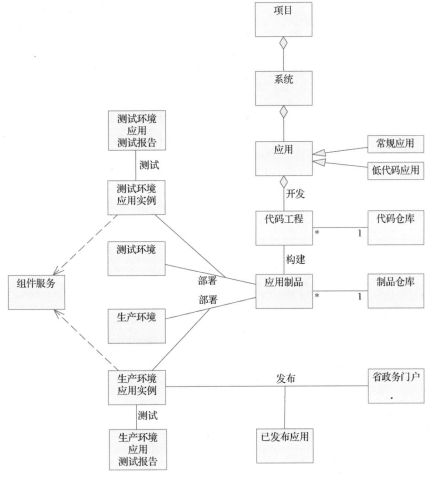

图 5-85 应用管理子系统的领域模型

2．业务对象

应用管理子系统的业务对象如图 5-86 所示。应用管理子系统的业务对象不仅引用了总体业务对象中相关的对象，还将总体架构中相关子系统作为业务实体列举出来，以便接下来基于这些对象对业务流程进行描述。

图 5-86 应用管理子系统的业务对象

3．业务用例

应用管理子系统的业务用例如图 5-87 所示，主要涉及常规应用和低代码应用从建立到发布的整个过程。

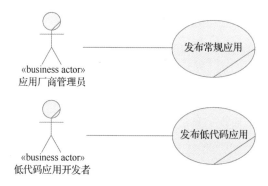

图 5-87 应用管理子系统的业务用例

4．业务流程

发布常规应用的业务流程如图 5-88 所示。

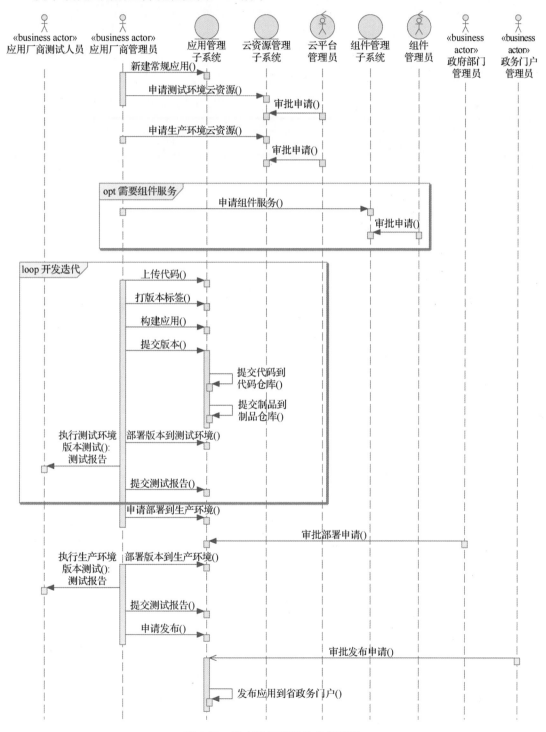

图 5-88 发布常规应用的业务流程

发布低代码应用的业务流程如图 5-89 所示。

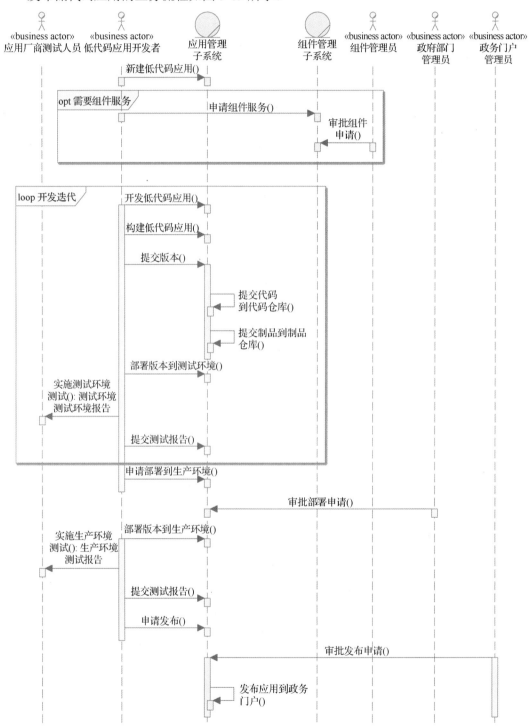

图 5-89 发布低代码应用的业务流程

5.6.3 需求确认

1. 系统上下文

应用管理子系统的系统上下文图如图 5-90 所示。需要注意的是,在分析当前子系统的需求时,整个系统中的其他相关子系统也将作为系统上下文的元素,而不仅仅是外部系统。

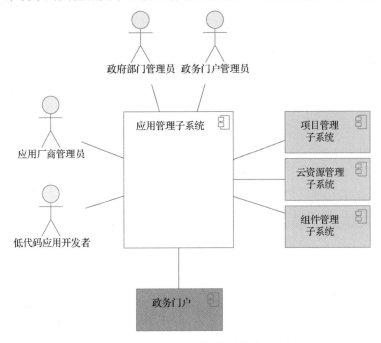

图 5-90 应用管理子系统的系统上下文图

2. 系统用例

应用管理子系统的用例清单如表 5-49 所示。

表 5-49 应用管理子系统的用例清单

角 色	用 例	来 源
应用厂商管理员	管理应用	基于业务实际需要补充
	新建应用	业务流程
	修改应用	基于业务实际需要补充
	删除应用	基于业务实际需要补充
	查看应用	基于业务实际需要补充
	管理应用代码	基于业务实际需要补充
	提交代码到代码仓库	业务流程
	标记代码版本	业务流程

续表

角　色	用　　例	来　源
应用厂商管理员	管理应用构建	基于业务实际需要补充
	构建应用	业务流程
	查看应用构建情况	基于业务实际需要补充
	管理应用制品	基于业务实际需要补充
	提交制品到制品仓库	业务流程
	标记制品版本	业务流程
	管理部署申请	基于业务实际需要补充
	生产环境部署申请	业务流程
	查看部署申请结果	基于业务实际需要补充
	管理应用部署	基于业务实际需要补充
	定义部署环境	基于业务实际需要补充
	部署应用	业务流程
	查看部署情况	基于业务实际需要补充
	管理应用测试报告	基于业务实际需要补充
	提交测试报告	业务流程
	管理应用发布	基于业务实际需要补充
	申请发布	业务流程
	查看申请结果	基于业务实际需要补充
低代码应用开发者	管理低代码应用	基于业务实际需要补充
	新建低代码应用	业务流程
	修改低代码应用	基于业务实际需要补充
	删除低代码应用	基于业务实际需要补充
	查看低代码应用	基于业务实际需要补充
	管理低代码应用代码	基于业务实际需要补充
	提交代码到代码仓库	业务流程
	标记代码版本	业务流程
	管理低代码应用构建	基于业务实际需要补充
	构建应用	业务流程
	查看应用构建情况	基于业务实际需要补充
	管理低代码应用制品	基于业务实际需要补充
	提交制品到制品仓库	业务流程
	标记制品版本	业务流程
	管理低代码应用部署申请	基于业务实际需要补充
	生产环境部署申请	业务流程
	查看部署申请结果	基于业务实际需要补充
	管理低代码应用部署	基于业务实际需要补充

续表

角　色	用　例	来　源
低代码应用开发者	定义部署环境	基于业务实际需要补充
	部署应用	业务流程
	查看部署情况	基于业务实际需要补充
	管理低代码应用测试报告	基于业务实际需要补充
	提交测试报告	业务流程
	管理低代码应用发布	基于业务实际需要补充
	申请发布	业务流程
	查看申请结果	基于业务实际需要补充
政府部门管理员	管理生产环境部署申请	基于业务实际需要补充
	查看部署申请	基于业务实际需要补充
	审批部署申请	业务流程
	查看已审批部署申请	基于业务实际需要补充
政务门户管理员	管理发布申请	基于业务实际需要补充
	查看发布申请	基于业务实际需要补充
	审批发布申请	业务流程
	查看已审批发布申请	基于业务实际需要补充
	管理发布应用	基于业务实际需要补充
	查看已发布应用	基于业务实际需要补充
	停止应用发布	基于业务实际需要补充
	恢复已停用应用发布	基于业务实际需要补充

3．非功能性需求

应用管理子系统的业务多为管理性的，用户有限，性能要求不高，以总体设计中的非功能性需求定义为准。使用较为频繁的可能是低代码开发平台，由该平台提供商进行非功能性需求评估。

5.6.4　架构设计

子系统架构设计是基于总体设计的框架对本子系统的相关内容展开的，在设计中仅保留与本系统相关的内容，但需要注意周边关系。

1．逻辑架构

应用管理子系统的逻辑架构图如图 5-91 所示。该逻辑架构基于总体逻辑架构，删除了与应用管理子系统无直接关系的内容，并对子系统内的组件进行了分解，分为前端界面、后端服务，以及依赖的几个复用组件。

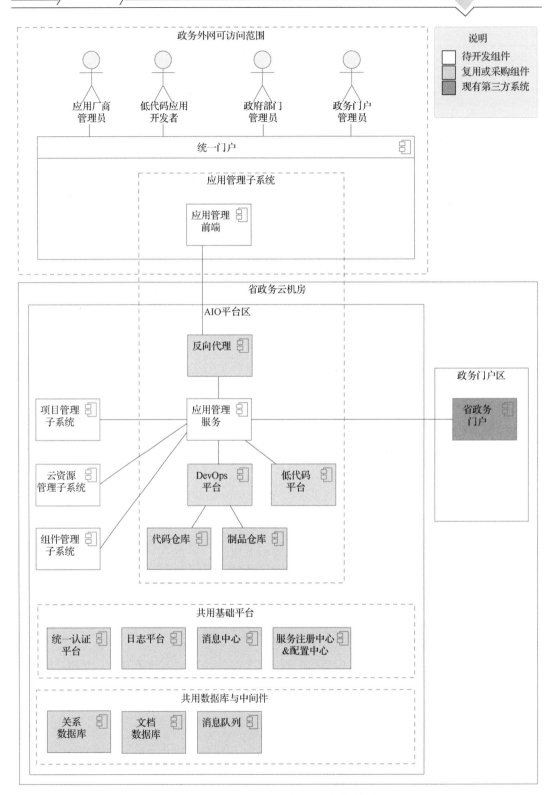

图 5-91　应用管理子系统的逻辑架构图

2. 物理架构

应用管理子系统的物理架构图如图 5-92 所示。

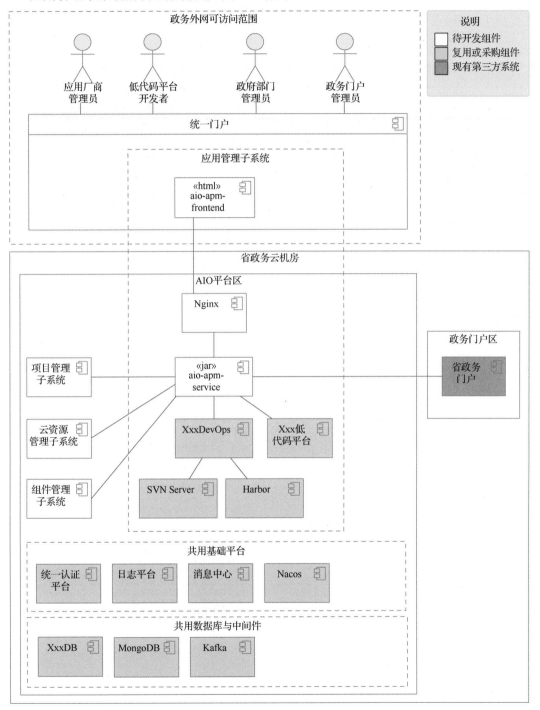

图 5-92 应用管理子系统的物理架构图

3．部署架构

1）组件部署

应用管理子系统的组件部署如表 5-50 所示。

表 5-50　应用管理子系统的组件部署

服　务　器	类　型	组　　件
应用管理服务器	虚拟机	aio-apm-service
DevOps 平台服务器	虚拟机	XxxDevOps 平台
代码仓库服务器	虚拟机	SVN Server
制品仓库服务器	虚拟机	Harbor
低代码平台服务器	虚拟机	Xxx 低代码平台
构建服务器	物理机	初期只考虑 Java 应用，部署 OpenJDK、Maven

2）服务器部署

应用管理子系统的服务器部署图如图 5-93 所示。

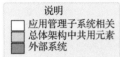

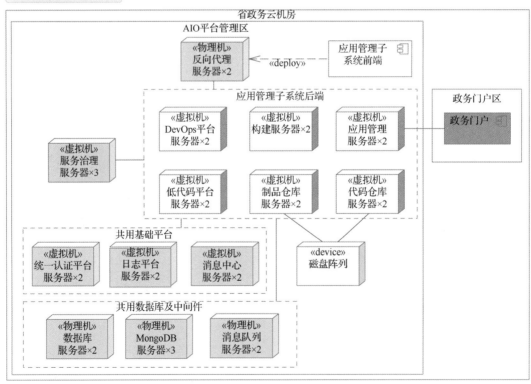

图 5-93　应用管理子系统的服务器部署图

3）服务器配置

应用管理子系统的服务器配置如表 5-51 所示。基于总体架构设计要求，应用管理子系统采用虚拟服务器。其中，代码仓库服务器、制品仓库服务器需要的存储空间较大，需要挂载大容量共享存储；构建服务器对计算性能要求较高，所以其 CPU 及内存配置高于其他服务器。

表 5-51　应用管理子系统的服务器配置

虚拟服务器	CPU	内存	网卡	磁盘 1		磁盘 2	
	核数	容量/GB	数量/块	类　型	容量/GB	类　型	容量/GB
应用管理服务器	4	8	1	本地 HDD	50	本地 HDD	100
DevOps 平台服务器	4	8	1	本地 HDD	50	本地 HDD	100
构建服务器	8	16	1	本地 HDD	50	本地 HDD	200
代码仓库服务器	4	8	1	本地 HDD	50	共享 HDD	50 000
制品仓库服务器	4	8	1	本地 HDD	50	共享 HDD	50 000
低代码平台服务器	8	16	1	本地 HDD	50	本地 HDD	200

4）网络架构

应用管理服务需要访问政务门户系统，而该系统是政府客户在之前建设的，位于同一个机房的不同区域，需要向政府客户及机房调研网络情况，设计并协商网络访问方案。

4. 非功能特性设计

1）可用性

- 应用管理服务器为两节点负载均衡集群。
- DevOps 平台服务器为一主一从模式。
- 低代码平台服务器为一主一从模式。
- 构建服务器为多实例负载均衡集群，根据需要伸缩，初期部署为两节点模式。
- 代码仓库服务器为一主一从模式。代码数据由共享存储的硬件 RAID 提供保障。
- 制品仓库服务器为一主一从模式。制品数据由共享存储的硬件 RAID 提供保障。

2）性能

硬件配置方面的设计已经在服务器配置中体现，构建服务器后续可能存在性能压力，由可伸缩性提供保障。

3）安全性

应用管理子系统的 3 类用户均为实名用户，访问均来自政务外网，安全威胁总体不大。针对安全需求中列举的安全威胁，应用管理子系统的安全性设计如表 5-52 所示。

表 5-52　应用管理子系统的安全性设计

资　　产	威胁来源	威胁方式	应 对 策 略
代码数据	黑客	密码猜测	提高密码强度,记录操作日志
制品数据	黑客	密码猜测	提高密码强度,记录操作日志

4）兼容性

操作系统和数据库已经基于兼容性需求体现,其余方面按照兼容性需求中的要求进行开发即可。

5）可扩展性

暂无可考虑事项。

6）可伸缩性

关于容量,代码仓库、制品仓库均采用共享存储作为数据存储,可伸缩性由磁盘阵列提供,当容量不足时通过增加磁盘对现有逻辑卷扩容实现容量伸缩。

关于性能,主要是构建服务器可能需要伸缩,设计为负载均衡集群,初期部署为两节点,后面可以根据需要通过增加机器来提高处理能力。

5.6.5　技术选型定义

应用管理子系统技术选型定义如表 5-53 所示,其余选型遵循总体设计要求。

表 5-53　应用管理子系统技术选型定义

分　类	项　　目	技 术 选 型	版　　本	选型的理由
子平台	DevOps 平台	XxxDevOps	略	经过多方对比选择的较优产品
	代码仓库	SVN Server	略	主流代码管理工具
	制品仓库	Harbor	略	主流开源制品仓库
	构建工具	Maven	略	主流 Java 构建工具
	低代码平台	XXX 低代码平台	略	经过多方对比选择的较优产品

5.6.6　开发组件定义

应用管理子系统开发组件定义如表 5-54 所示。

表 5-54　应用管理子系统开发组件定义

分　　类	组　　件		形　　态	开发语言	运行环境	代码工程名
	物 理 名	文 件 名				
前端	aio-apm-frontend	aio-apm-frontend	HTML	JavaScript	Browser	aio-apm-frontend
后端	aio-apm-service	aio-apm-service	可执行 JAR	Java	Linux	aio-apm-service

5.6.7 部署组件定义

应用管理子系统部署组件定义如表 5-55 所示。

表 5-55 应用管理子系统部署组件定义

分 类	组 件	省政务云机房						
		反向代理服务器	应用管理服务器	DevOps 平台服务器	代码仓库服务器	制品仓库服务器	构建服务器	低代码平台服务器
		2 台	2 台	2 台	2 台	2 台	2 台	2 台
第三方组件	XxxDevOps 平台	—	—	A	—	—	—	—
	SVN	—	—	—	A	—	—	—
	Harbor	—	—	—	—	A	—	—
	OpenJDK	—	—	—	—	—	A	—
	Maven	—	—	—	—	—	A	—
	XXX 低代码平台	—	—	—	—	—	—	A
开发的前端组件	aio-apm-frontend	A	—	—	—	—	—	—
开发的后端组件	aio-apm-service	—	A	—	—	—	—	—

注："A"表示在该类型服务器上全部部署，"—"代表不部署。

5.6.8 功能模块定义

应用管理子系统功能模块定义如表 5-56 所示。

表 5-56 应用管理子系统功能模块定义

功 能 分 类	功 能	模 块	功能形态	所属代码工程
应用管理	应用新建	应用新建界面	HTML	aio-apm-frontend
		应用新建服务	REST 服务	aio-apm-service
	应用修改	应用修改界面	HTML	aio-apm-frontend
		应用修改服务	REST 服务	aio-apm-service
	应用删除	应用删除界面	HTML	aio-apm-frontend
		应用删除服务	REST 服务	aio-apm-service
	应用查看	应用查看界面	HTML	aio-apm-frontend
		应用查看服务	REST 服务	aio-apm-service
	应用代码管理	代码提交界面	HTML	aio-apm-frontend
		代码提交服务	REST 服务	aio-apm-service
		代码版本管理界面	HTML	aio-apm-frontend
		代码版本管理服务	REST 服务	aio-apm-service

续表

功能分类	功能	模块	功能形态	所属代码工程
应用管理	应用制品管理	制品提交界面	HTML	aio-apm-frontend
		制品提交服务	REST 服务	aio-apm-service
		制品版本管理界面	HTML	aio-apm-frontend
		制品版本管理服务	REST 服务	aio-apm-service
	应用部署管理	部署环境管理界面	HTML	aio-apm-frontend
		部署环境管理服务	REST 服务	aio-apm-service
		应用部署界面	HTML	aio-apm-frontend
		应用部署服务	REST 服务	aio-apm-service
		部署情况查看界面	HTML	aio-apm-frontend
		部署情况查看服务	REST 服务	aio-apm-service
	部署申请管理	生产环境部署申请界面	HTML	aio-apm-frontend
		生产环境部署申请服务	REST 服务	aio-apm-service
		生产环境部署申请结果查看界面	HTML	aio-apm-frontend
		生产环境部署申请结果查看服务	REST 服务	aio-apm-service
	应用测试报告管理	测试报告提交界面	HTML	aio-apm-frontend
		测试报告提交服务	REST 服务	aio-apm-service
	应用发布管理	应用发布申请界面	HTML	aio-apm-frontend
		应用发布申请服务	REST 服务	aio-apm-service
		应用发布申请结果查看界面	HTML	aio-apm-frontend
		应用发布申请结果查看服务	REST 服务	aio-apm-service
低代码应用	低代码应用管理	低代码应用管理界面	HTML	aio-apm-frontend
		低代码应用管理服务	REST 服务	aio-apm-service
	低代码应用开发	—	—	低代码平台固有功能
	低代码应用版本管理	低代码应用版本管理界面	HTML	aio-apm-frontend
		低代码应用版本管理服务	REST 服务	aio-apm-service
	低代码应用制品管理	低代码应用制品管理界面	HTML	aio-apm-frontend
		低代码应用制品管理服务	REST 服务	aio-apm-service
	低代码应用部署管理	低代码应用部署管理界面	HTML	aio-apm-frontend
		低代码应用部署管理服务	REST 服务	aio-apm-service
生产环境部署申请审批管理	生产环境部署申请审批管理	待审批部署申请查看界面	HTML	aio-apm-frontend
		待审批部署申请查看服务	REST 服务	aio-apm-service
		部署申请审批界面	HTML	aio-apm-frontend
		部署申请审批服务	REST 服务	aio-apm-service
		已审批部署申请查看界面	HTML	aio-apm-frontend
		已审批部署申请查看服务	REST 服务	aio-apm-service
		待审批应用发布申请查看界面	HTML	aio-apm-frontend
		待审批应用发布申请查看服务	REST 服务	aio-apm-service

功 能 分 类	功　　能	模　　块	功能形态	所属代码工程
应用发布审批管理	应用发布审批管理	应用发布申请审批界面	HTML	aio-apm-frontend
		应用发布申请审批服务	REST 服务	aio-apm-service
		已审批应用发布申请查看界面	HTML	aio-apm-frontend
		已审批应用发布申请查看服务	REST 服务	aio-apm-service
		已发布应用查看界面	HTML	aio-apm-frontend
		已发布应用查看服务	REST 服务	aio-apm-service
		停止应用发布服务	REST 服务	aio-apm-service
		恢复应用发布服务	REST 服务	aio-apm-service

5.6.9　案例小结

本案例展示了大型项目中一个子系统的架构设计，不仅体现了子系统设计与总体设计的关系，还体现了子系统设计如何与总体设计进行衔接，以及如何遵循总体设计的要求。

第 6 章

▶▶ 总结

6.1 架构设计领域模型

任何一件事都可以作为一项业务来看待，架构设计也不例外。下面绘制一张关于整个系统架构设计的领域模型（见图 6-1），以帮助读者理解架构设计的全貌。

下面对如图 6-1 所示的领域模型按照自上而下、从左到右的顺序进行解释。在最开始，有一个客户，他的一项业务是我们关注的，为了理解这项业务，需要进行业务分析。业务分析的产物是业务模型，其中包括静态的领域模型和动态的业务用例，为了描述业务用例，需要先识别出 3 种业务对象，对于每个业务用例，可以进一步描述它的业务流程。如果分析出的结果能证明设想的新系统对业务有改进效果，那么设想的新系统可以立项，这时进入新系统的需求分析阶段。需求分析的产物是需求模型，其中包括功能性需求和非功能性需求。功能性需求是由大量系统用例构成的，非功能性需求包括可用性、性能、安全性等方面。需求分析之后是架构设计阶段。架构设计的产物是架构模型，其中包括逻辑架构模型和物理架构模型。逻辑架构模型用来将系统分解为若干逻辑组件并考虑组件间的关系。

物理架构模型用来对逻辑架构模型进行具体化，需要将逻辑组件转换为物理组件。物理架构模型还要包括非功能特性设计，这是针对非功能性需求展开的。物理组件分为可复用组件和待开发组件。概要设计先基于系统用例推导出功能清单，再根据架构设计对各项功能划分模块，并定义模块的接口。针对每个模块，可以展开详细设计。每个待开发组件对应若干代码工程，每个模块分布在某个代码工程中。在开发完成后，所有组件可以部署到生产环境的基础设施中，可能是物理机、虚拟机和容器。基础设施还需要部署到机房、连接网络。架构师在理解了以上领域模型之后，会对系统架构有完整且清晰的认识，可以有条不紊地开展架构设计工作。

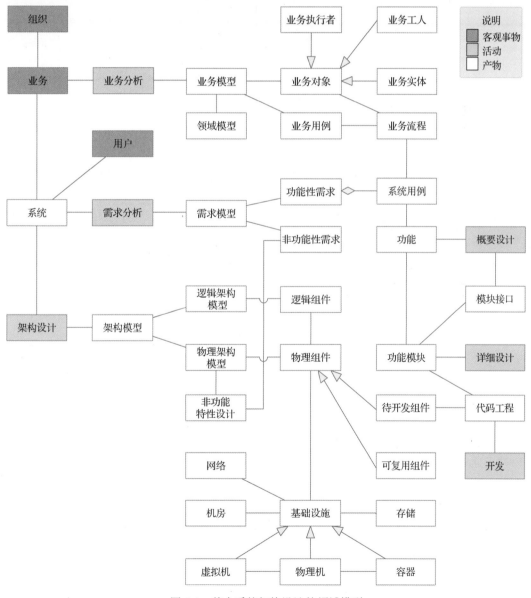

图 6-1　整个系统架构设计的领域模型

6.2 架构设计文档大纲

整个架构设计文档大纲可以以 2.1 节和 2.2 节，以及第 3 章为主体，同时补充一些系统特定的内容，也可以根据系统情况进行一定的裁剪。架构设计大纲及各章的设计要点如表 6-1 所示。

表 6-1 架构设计大纲及各章的设计要点

章	节	要 点
业务理解	业务愿景	描述通过实施本系统能够产生的业务价值
	领域模型	通过领域模型描述需要解决的问题，将业务中的人、物、事和规则梳理清楚
	业务对象	识别业务涉及的所有组织中的所有人、系统，按组织归类
	业务用例	识别组织对外提供的核心业务，并进行高度概括
	业务流程	按业务用例展开为业务流程顺序图，各个流程基于之前分析出的业务对象协作完成，次序上按时间排列以便理解，需要体现出业务开展的大致过程，待开发系统作为整体。 对现有业务流程进行改进的，要对比现状和新流程，说明改进之处
需求确认	系统上下文定义	通过系统上下文梳理出所有用户及对接的外部系统，识别所有元素所处的地点
	功能性需求定义	通过用例图或表格列举所有系统用例，识别有难度的部分，进行技术风险分析，判断可行性和成本
	非功能性需求定义	对可用性、性能、安全性、可扩展性及可伸缩性等非功能性需求进行分析和定义，要有一定的分析推导过程，并定义明确的指标
逻辑架构	逻辑架构图	基于系统上下文设想软件构成，绘制逻辑架构图，描述系统的总体结构，体现人、软件和地点的关系，其中软件为逻辑组件，是抽象的
	系统流程	基于逻辑架构，将业务流程中涉及系统的部分展开为系统处理流程，可基于技术进行归纳
	架构决策	对不易较快决策的考虑点进行对比分析
物理架构	架构资源调查	调查所有可复用架构元素，包括机房、硬件、网络、在线服务、可复用软件资产和开发资产
	物理架构图	基于逻辑架构进行具体化，对抽象的组件进行技术选型，对开发组件进行命名和技术选型
	部署架构	通过组件部署图描述软件组件对应的运行环境。 通过服务器部署图描述运行环境对应的地点和连接关系。 通过网络架构图或表格描述网络访问关系
	架构决策	对各种不易快速决策的技术点进行对比分析，得出结论
	非功能特性设计	针对非功能性需求中的要求分别定义对策
	关键功能设计	针对需求中的难点考虑大体上的技术方案

续表

章	节	要　　点
开发组件清单		完整填写要开发组件的各项信息
部署组件清单		完整列出部署组件与运行环境的对应关系
技术选型清单		完整列出复用组件的名称、版本和选型理由
功能模块定义		基于系统用例、产品人员的功能清单和界面原型等,完整列出实际要开发的功能模块清单,用于向开发团队交接

6.3　架构设计评审要素

架构设计完成时,作为重要的阶段性产物,需要组织正式评审。架构设计评审要素如表 6-2 所示。

表 6-2　架构设计评审要素

章	节	评　审　点
业务理解	业务愿景	是否描述了业务长远的目标,以及通过本项目的实施希望达成的目标
	领域模型	整体内容是否是业务本身的概念,而不是系统组件和功能等方面
		业务涉及的主要概念是否有遗漏
		命名是否合理
		有没有包含关键属性
		类之间的关系有无问题
		对不容易理解的地方有无文字说明
	业务对象	业务执行者识别是否正确
		业务工人识别是否正确
		业务实体识别是否正确
		各种业务对象有无按照所属组织进行了归纳
	业务用例	分析的主体应该是组织而不是系统
		用例是否完整
		业务用例是概括出来的大事,而不是操作层面的
		命名是否符合规范(动词短语)
		对不易理解的用例是否进行了文字说明
	业务流程	主要业务流程是否完整
		业务流程的组织顺序是否合理,便于读者理解
		是否比较了上系统后新流程带来的变化和改进之处
		各个流程的具体过程是否合理

章	节	评 审 点
需求确认	系统上下文定义	系统上下文是否符合规范（系统为黑盒，周边用户和对接系统罗列完整）
		对不易理解的参与者是否进行了说明
		系统涉及的位置是否罗列完整
	功能性需求定义	系统用例是否罗列完整（用户发起的、系统自发的、其他系统发起的）
		用例命名是否符合规范（动词短语）
		对不易理解的用例是否进行了描述
		各个用例的时机是否正确
	非功能性需求定义	可用性的时间段有无合理描述
		可用性指标定义是否合理，业务方是否认可
		用户规模数据是否靠谱
		使用场景分析是否恰当
		响应时间的定义是否科学（针对不同业务，可以定义不同的响应时间）
		性能需求有无基于已知数据进行合理推导
		在正常压力下请求错误率应该为 0
		安全性方面有无在安全组织协助下进行定级
		其他非功能特性如果涉及，是否根据模板提示进行了合理的描述
		模板中的所有提示或示例是否改成了自身的描述
逻辑架构	逻辑架构图	各个元素是否是抽象的
		是否基于地点将整个架构图进行了总体布局划分
		用户、逻辑组件、逻辑数据项是否有遗漏
		用户、逻辑组件、逻辑数据项是否有地点归属
		各个元素的命名是否恰当
		所有的关系是否合理
		如果没有明确的层次关系，关系线是否绘制到了具体组件上
		是否已通过颜色区分已有组件和待开发组件
		当组件较多时，是否进行了层次化分解
	系统流程	是否基于组件分解对主要流程进行了细化
		各个流程的具体过程是否合理
	架构决策	决策内容是否是逻辑性的（考虑的问题主要是组件分解和关系，而非技术性的）
物理架构	架构资源调查	是否分门别类地列全了所有架构资源
	物理架构图	物理架构图是否是基于逻辑架构图进行转换得到的
		组件是否是基于逻辑架构图中的元素进行技术化的
		组件形态是否有标注
		组件命名是否规范
		转换时是否进行了合理的合并、增补
		组件间的通信协议是否已标明

续表

章	节	评 审 点
物理架构	部署架构	对服务器种类是否进行了合理的划分和命名
		每种服务器中部署哪些组件是否明确
		所有组件是否都有归属的服务器
		在服务器部署图中，各种服务器是否进行了可用性、可伸缩性的考虑
		服务器间的关系是否合理
		有无定义出所有的逻辑网络（类似办公网、研发网的概念性网络）
		各种服务器有无明确连接到哪些网络，并明确了开放的服务接口
		各种服务器的规格是否合理
		服务器的磁盘数量和 RAID 是否考虑了性能（高 I/O 的机器用 RAID10、SSD 等）
		服务器的磁盘容量是否计算正确（特别是有 RAID 时），与业务需求和发展是否相适应
		所有服务器的成本有无超出预算
	架构决策	核心问题有无遗漏
		各个问题的分析与决策是否合理
	非功能特性设计	可用性设计是否满足可用性需求
		性能设计是否满足性能需求
		安全性设计是否满足安全性需求
		安全性设计是否基于威胁建模思路进行考虑
		需要展开的安全设计方面是否预留了详细设计文档
		其他非功能特性如果有涉及，是否已根据模板提示进行了合理的描述
	关键功能设计	有无识别出关键功能加以设计
开发组件清单		需要识别出所有的代码工程，不能遗漏
		所有命名应符合规范
		所有列都是必填项，不能省略
部署组件清单		所有的地点、服务器、终端、组件都需要包括
		组件与服务器的映射关系是否完整
技术选型清单		主要技术选型是否完整，主要类型包括操作系统、数据库、中间件、编程语言和开发框架
		是否明显标注了与组织规范不符合的内容，并加以说明
功能模块定义		是否包含了所有组件中的模块
		每项功能对应的模块是否完整
		整个功能模块定义不仅要能支持所有系统用例，还要覆盖产品人员提供的功能清单

6.4　架构设计跟踪

由于系统规模不同，架构设计需要的工作量也不同。对于一个几十人月的小型项目来说，架构设计可能需要一名架构师一个星期的时间；对于一个几百人月的中型项目来说，架构设计可能需要一名架构师一个月的时间；对于一个上千人月的大型项目来说，架构设计可能需要多名架构师一两个月的时间。但架构设计占整个工程的时间比例总体上还是比较小的，可能只有 1/10。那么架构师在完成架构设计之后，剩下的时间要做什么呢？其实在表 1-2 中已经说明了架构师在整个项目中的工作框架。后续工程都是由相对低阶的人员完成的，这些人员在理解架构设计时难免会出现偏差，由于能力、经验的不足，在实现上也会出现偏差。因此，作为架构的设计者，架构师应当对这些团队成员进行指导，对工作产物进行检查，这将占据架构师的大部分精力。架构师需要具有自驱能力，在设计完成后，制订工作计划，对相关团队成员进行全方位的指导，对各种工作成果进行全方位的检查，以保证能够切实实现架构设计。

架构指导主要是向团队成员讲解架构设计中与其相关的部分。架构设计检查可参考表 6-3，对后续工程的各项产物进行检查和评审。表 6-3 中列举的是一些通用的基础内容，实际项目中可适当进行调整。

表 6-3　架构设计检查

阶　　段	分　　类	检 查 事 项
详细设计	模块设计	模块命名是否符合组件划分与功能清单中的定义
		模块的处理逻辑是否符合架构设计中的相关流程
开发	代码	所有代码工程是否符合开发组件一览表中的定义
		所有技术选型是否符合设计
		开发人员有无引入架构设计中未涉及的组件
		跨组件通信机制是否符合架构设计中的要求
		跨组件通信的逻辑是否符合架构设计中的流程定义
		非功能特性设计中的策略有无实现
测试	关键功能测试	测试用例是否完备、合理
		测试结果是否正确
	性能测试	测试计划中的目标是否与性能需求匹配
		测试环境是否与生产环境一致，如果不一致，那么是否能进行合理折算
		测试场景设计是否合理
		测试结果是否达标

续表

阶　段	分　类	检 查 事 项
测试	性能测试	测试过程中有无监控，指标是否正常
		测试结果如果不达标或虽然达标但明显偏低时，有无进行优化，优化后是否有明显提升
	可用性测试	测试用例是否完备、合理
		测试结果是否正确
	安全性测试	测试用例是否完备、合理
		测试结果是否正确
交付	硬件环境	硬件环境是否与架构设计中的硬件选型匹配
		主要硬件（RAID卡、网卡）是否正确安装了官方最新稳定版驱动
		磁盘的RAID构成是否正确
		RAID的逻辑磁盘是否根据磁盘类型进行了访问策略优化
		网卡的分组是否正确
	系统软件	各台机器操作系统的安装是否正确
		操作系统有无安装必要的补丁
		系统参数有无按照生产环境标准进行优化
	基础软件	各种数据库、中间件的安装位置及数据目录是否正确
		各种数据库、中间件的配置有无按照生产环境标准进行优化
		各种数据库、中间件的架构是否符合架构设计要求
	应用软件	应用软件的部署是否符合架构设计要求
	性能验证	生产环境是否进行了性能验证且结果达标
	可用性验证	生产环境是否进行了可用性验证且结果达标
	安全性验证	生产环境是否进行了安全性验证且结果达标
	系统扩/缩容	扩容或缩容方案是否符合架构设计中的策略

6.5　架构师知识与技能体系

　　一些架构师教程类书籍的目录其实也是架构师的知识体系，但存在内容繁多、偏理论、知识老旧的情况。本书从简练、实用的角度，对架构师的知识和技能体系进行归纳总结，如表6-4所示。表6-4可作为架构师自我修炼的参考框架。

表6-4　架构师的知识和技能体系

方　面	内　容	掌 握 程 度
软件	操作系统	• 熟悉各种操作系统的类型、发展情况和价格等，能够根据项目情况进行合理的选型。 • 熟悉主流操作系统的安装、配置、使用和问题排查

方　面	内　容	掌　握　程　度
软件	数据库	• 理解数据库的不同类型，熟悉常见数据库的特性，能够根据需求选择恰当的数据库类型，在该类型中确定恰当的数据库产品。 • 熟悉常见数据库的架构模式，能够根据需求设计数据库的部署架构。 • 熟悉关系型数据模型设计方法，理解三层范式，理解索引的作用，能够设计数据模型，以及对数据模型的设计进行评价。 • 熟悉数据库驱动程序、ORM 框架、连接池和分库分表组件等，能够选用适当的技术进行开发。 • 熟悉常见数据库的配置、诊断方法，在出现问题时能够进行一定程度的排查。 • 熟悉 SQL 语句，能够使用慢查询日志对慢查询进行分析和优化
	中间件	• 熟悉常见的中间件类型，包括代理服务器、HA 软件、缓存、消息队列、API 网关、服务注册中心和配置中心等，能够根据需求在恰当的中间件类型中选择恰当的中间件产品。 • 熟悉常见中间件的配置和使用，能够进行一定程度的问题排查
硬件	服务器	• 熟悉主流服务器厂商和产品系列，能够对服务器整机进行选型。 • 了解服务器的内部结构，能够对服务器的规格、可扩展性进行把握
	CPU	• 理解 CPU 架构、Socket、核心数量、频率、超线程、内存通道数、NUMA 等概念。 • 熟悉各家厂商的产品系列、主要型号、价格体系，能够根据需求、预算进行合理选型
	内存	熟悉内存规格、多通道概念、市场价格情况，能够为服务器选择适当的单条规格和数量，能够把握将来内存的扩容
	磁盘	• 了解各种磁盘的类型、容量、性能、价格，以及 RAID 的概念和各种 RAID 级别，能够对服务器的磁盘进行选型，针对不同需求选取适当类型、适当数量的磁盘及 RAID 构成，设计服务器的磁盘配置。 • 理解磁盘分区、LVM 机制，能够对单机容量进行在线扩展。 • 掌握磁盘性能分析方法，能够在不同种类的操作系统上分析磁盘性能
	网卡	• 熟悉各种网卡的类型（光口、电口）、速度、价格水平，能够对服务器的网卡进行选型。 • 理解网卡分组机制，能够设计多网口冗余机制，实现网络高可用。 • 熟悉主流操作系统上网络相关配置，掌握常用网络诊断工具
	GPU	• 了解 GPU 的作用及使用场景。 • 了解主流 GPU 厂商和产品系列，可以对 GPU 进行选型
	存储	• 理解块存储、文件存储和对象存储的概念、使用场景、相关产品。 • 理解服务器访问各种存储的方式。 • 熟悉磁盘阵列设备的作用、规格，能够对磁盘阵列进行选型。 • 了解磁盘阵列的配置方法，能够对磁盘的构成、提供的服务进行设计。 • 熟悉常见的分布式存储软件，理解其架构、配置方式，能够基于分布式存储软件设计系统需要的分布式存储子系统，能够把握其容量、性能、数据可靠性、可伸缩性
网络	网络设备	• 理解各种常见网络设备的作用，包括交换机、路由器、防火墙和网闸等。 • 理解各种常见网络设备的规格，能够对网络设备进行选型。 • 理解各种常见网络设备的主要配置
	网络架构	• 理解各种网络拓扑结构。 • 理解 VLAN、VXLAN 等子网划分机制。 • 理解跨网络访问的机制

续表

方　面	内　容	掌　握　程　度
网络	互联网	• 理解域名、IPv4 协议、IPv6 协议、DNS 服务、CDN 的概念和主要厂商提供的服务。 • 理解从用户终端到服务端的整个网络路径和通信过程
	虚拟专用网络	理解虚拟专用网络的概念和作用，能够设计跨机房的安全网络通道
云计算	云计算概念	理解云计算的概念，理解 IaaS、PaaS、Saas 的概念和使用场景
	虚拟化	• 理解什么是虚拟化，熟悉主要虚拟化平台的厂商和产品，能够对虚拟化平台产品进行选型。 • 理解虚拟化相对于纯物理机的优势，能够合理规划物理资源和虚拟资源，控制整合比、资源利用率
	容器	• 理解容器技术的概念和优势，能够在适当的场景下引入容器技术，提高部署效率，降低资源占用。 • 熟悉容器基础技术 Docker 的配置和使用，了解容器镜像制作方法、镜像仓库产品及管理。 • 熟悉容器集群 K8S 的架构、使用方式，能够规划和设计一定规模的容器集群，用于支撑系统的运行
	云原生	• 理解云原生的概念和其中的主要技术容器、微服务、DevOps。 • 能够根据项目情况对云原生产品进行选型。 • 能够规划项目基于云原生平台进行生产活动，包括开发、测试、运维及支撑生产
	公有云	理解什么是公有云，熟悉几大主要公有云厂商的云服务产品，能够规划系统上公有云需要的基础设施和服务，能够把握资源使用量和费用
	私有云	理解什么是私有云，熟悉主要私有云产品，能够对私有云产品进行选型，能够设计私有云部署架构及系统在私有云上的部署架构
大数据	概念	理解什么是大数据，大数据的处理方式与传统数据处理方式有何不同
	大数据组件	熟悉各种大数据组件类型，能够根据需求选取合适类型的具体组件来解决项目的问题
	大数据平台	熟悉主要大数据平台厂商的产品，能够对大数据平台厂商的产品进行选型
软件工程	瀑布模型	理解基本的软件工程过程瀑布模型，理解各阶段的工作内容和产物
	敏捷过程	理解敏捷过程的适用场景和工作方式
	项目管理	理解软件项目的管理方式，能够和项目经理进行配合
业务	业务领域	对系统涉及的业务具备一定深度的理解
	业务分析	掌握业务分析的方法，能够进行业务建模，以及领域模型分析、业务用例分析、业务流程分析
需求	需求分析	• 理解整个需求工程的过程。 • 理解需求分析方法及其产物，能够对需求进行确认。 • 理解功能性需求和非功能性需求，能够对非功能性需求的分析提供支撑
	需求变更	理解需求变更流程，能够在需求变更时提供技术支持
设计	架构设计	• 掌握架构设计方法论。 • 能够根据需求进行合理的设计，输出规范的架构设计文档。 • 能够对系统的非功能特性进行设计，满足非功能性需求
	概要设计	• 掌握模块划分的原则和技巧，输出功能模块定义文档。 • 掌握接口的定义方法和规范，主导接口定义文档的输出
	详细设计	了解详细设计规范，能够指导他人完成详细设计，能够对详细设计进行评审

续表

方面	内容	掌握程度
设计	程序设计	• 掌握 UML 类图、顺序图、活动图的设计方法，能够基于 UML 完成面向对象程序设计。 • 熟悉设计模式，能够基于设计模式进行类的设计，解决常见问题。 • 能够规划代码工程及代码结构，对开发人员进行指导
开发	编程语言	• 熟悉主流编程语言，能够为各种需要开发的组件选择适当的编程语言。 • 具备较丰富的编程经验，能够对代码进行评审，识别出规范性问题、性能问题和安全性问题等
	开发框架	熟悉主流开发框架、组织自有的开发框架，能够进行开发框架选型
	程序库	熟悉常见程序库，能够对开发需要的程序库进行选型
	算法	熟悉常见算法，能够指导开发人员使用正确的算法，把握性能、内存消耗
测试	功能测试	理解测试用例的设计思路，能够对关键模块的测试用例设计进行指导，对测试结果进行把握
	性能测试	• 理解性能模型，理解性能测试工作流程，熟悉性能测试工具，能够对性能测试结果进行分析和评估，判断是否符合性能需求。 • 能够基于性能测试结果、测试过程中的监控数据进行综合分析，识别性能瓶颈，找出问题所在。 • 能够对性能问题提出优化方案，并指导实施
	可用性测试	理解可用性测试的范围和方法，能够对可用性测试用例进行评审，能够对可用性测试结果进行评价
运维	部署	• 熟悉各种部署架构，能够对部署方案进行评估。 • 熟悉自动化部署技术，能够规划自动化部署机制，提高系统的实施效率。 • 理解 DevOps，熟悉 DevOps 技术及其产品，能够在适当的场景下引入 DevOps 相关平台，支撑 DevOps 的实现
	监控	熟悉监控系统的配置和使用，能够基于监控评估系统运行状态，发现问题并解决
	扩/缩容	能够根据业务发展情况规划系统的扩容或缩容，熟悉相关机制和技术手段，能够指导运维人员进行扩容或缩容的实施
安全	安全体系	理解安全相关法律法规，熟悉主要的安全体系
	安全技术	• 理解安全基本要素的机密性、完整性、可用性、可审计性和不可抵赖性。 • 理解常见的安全攻击与防范技术
	威胁分析	理解威胁建模方法，能够基于系统的业务特点进行威胁分析，识别要保护的资产、可能的攻击方式，设计防范策略
	安全设计	理解主要的安全保护机制，能够针对可能的攻击方式设计相应的安全防范策略

6.6 架构师的思维方式

架构师在工作过程中需要考虑各种问题，良好的思维方式有利于问题的解决。架构师常用的思维方式如下。

1）逻辑思维

具有良好的逻辑思维是架构师的基本素质要求。在思考任何问题时，都应该基于已知条件，按照逻辑进行推导，不能有"拍脑袋"的决定、跳跃性思维。

2）抽象思维

在分析领域模型、设计逻辑架构、考虑可扩展性等环节，都需要用到抽象思维，架构师需要具备归纳概括能力，能够从多个特定事物中总结出一般性事物，得出高层次的抽象描述，从而使设计能够具备更好的兼容性、可扩展性。

3）分解思维

人类解决复杂问题的手段就是分解→再分解。架构师在设计过程中需要进行组件划分、功能模块划分、工作任务分配等分解性工作。在进行各种分解时，需要考虑好边界和职责，以便使分解出的对象职责明确，便于协作。在进行分解时，首先要考虑维度，一个事物可以在多个维度分解。对于一个系统来说，如果是小型单体应用，那么直接在代码维度分解，考虑类的构成或文件目录的构成；如果是大中型分布式应用，那么先在组件维度分解，再在代码维度分解。

4）结构化思维

在分析很多问题时，都需要采用结构化思维，如分析非功能性需求、梳理可复用资产、整理各种清单。具有好的结构化思维可以将一个问题分析透彻，避免遗漏。

5）面向对象思维

目前主流的软件工程方法就是面向对象的分析与设计、面向对象编程。面向对象是一种很好的解决复杂问题的方法，它将一件事的处理过程理解为通过多个对象的协作来完成，通过将职责归属到各个对象，不仅降低了问题复杂度，还有利于分工协作。UML 顺序图是最能体现面向对象思维的表现形式，能够比较自然地表达多个对象协作的过程，在业务分析、架构设计和程序设计中都能够广泛使用。

6）化繁为简思维

在满足需求，以及一定期间的可伸缩性的情况下，架构应当以简为美。架构师应当尽量避免烦琐的设计，以简练的架构、简练的技术方案来解决问题。

7）权衡思维

在解决某个问题时，可能有多种方案，架构师应当首先将所有可能的方案列举出来，然后对主要方面进行综合比较，权衡各种利弊，做出最终决策。

8）宏观思维

在进行架构设计时，首先要进行宏观思考，确定总体结构和主要的技术要素，并且要随时注意思考问题的粒度，不要过早陷入某些细节中。

9）全面思维

在考虑技术方案时，需要具有全面性，首先尽可能全面地列举各种技术方案，然后进行比较。架构师需要具备通用知识的广度和特定领域的深度，这是具备全面思维的基础。

10）边界思维

在软件工程中边界无处不在，业务范围有边界，系统需求有边界，架构有边界，组件有边界，工程过程有边界，产物有边界，人员分工有边界。架构师在工作过程中需要注意所处的阶段，随时注意边界，在每个阶段做恰当的事，保证产物满足边界要求且不越界。

11）正面解决问题思维

经常看到一种现象，为了解决数据库性能差的问题，首先考虑对数据库进行分库分表，引入数据库访问中间件，结果导致系统复杂度提高，出现额外的开发和运维工作量，效果也没有明显改善。其实，数据库性能差的直接原因往往是数据库服务器磁盘性能不足，因此直接更换成性能更好的 SSD 就可以解决问题，成本不高且见效快、效果好。现在 SSD 的价格越来越低，大部分系统的关系型数据容量都不会太大，因此直接采用 SSD 才是正面解决数据库性能差的最佳方法。在遇到问题时，首先应该考虑的是正面解决的方法，当正面解决不了，或者能解决但成本过高时才考虑其他方法。

12）成本思维

很多架构师缺乏成本意识，或者因为对价格不够了解，或者因为对成本不够重视，或者因为成本多少与自己无关。解决一个问题有多种方案，其中成本应该是权重较大的因素。在大中型项目正式的评比中，商务因素往往占 60% 的权重，但在具体的技术方案中，架构师往往对成本不够重视。成本包括采购成本、研发成本和运营成本，需要多方面考虑。是否能有效控制成本，是架构师水平和职业素养的重要体现。

13）效率思维

不同的方案有不同的效率，什么要采购，什么要自研，什么要自动化，以及选择什么技术，都涉及效率问题，架构师需要对效率十分敏感，应基于项目约束、工期、人员能力和成本预算等因素，考虑效率较优的方案。

14）前瞻性思维

系统上线后可能要运行若干年，在此期间业务可能发展也可能萎缩，技术在不断发展，竞争对手也在不断发展，架构师在设计时需要有一定的前瞻性，如在技术选型、系统可伸缩性等方面做出前瞻性考虑，以应对将来的变化。

15）适度思维

有的架构师为了臆想出来的将来的变化，过早地设计了一大堆机制，把架构搞得很复杂，投入了很多工作量，但最后发现实际上并没有起到什么作用。在考虑前瞻性时，应避免过度设计，导致不必要的系统复杂度和额外的成本。

16）稳健思维

人的性格有保守、稳健和激进等多种类型，但在架构设计工作中，应该以稳健为主。过于保守，可能会存在技术老旧、落后于人的情况；过于激进，可能会出现系统不稳定、遇到问题无法解决的情况。架构师应当以采用主流、稳定的技术方案为主，在充分验证的基础上，稳步推进技术更新，保持技术竞争力。

参考文献

[1] 潘加宇. 软件方法（上）：业务建模和需求[M]. 2 版. 北京：清华大学出版社，2018.

[2]〔英〕伊乐斯，克里普斯. 架构实战软件架构设计的过程[M]. 蔡黄辉，马文涛，译. 北京：机械工业出版社，2010.

[3] 温昱. 软件架构设计：程序员向架构师转型必备[M]. 2 版. 北京：电子工业出版社，2021.

[4] 叶宏. 系统架构设计师教程[M]. 2 版. 北京：清华大学出版社，2022.